走进
数字建筑时代

◎ 广联达《新建造》编辑部 主编

中国建筑工业出版社

图书在版编目(CIP)数据

走进数字建筑时代 / 广联达《新建造》编辑部主编.
—北京：中国建筑工业出版社，2020.4
ISBN 978-7-112-24903-9

I. ①走… II. ①广… III. ①数字技术—应用—建筑—设计—研究 IV. ①TU201.4

中国版本图书馆CIP数据核字（2020）第035346号

责任编辑：付　娇　石枫华　兰丽婷
责任校对：张惠雯

走进数字建筑时代
广联达《新建造》编辑部 主编
*
中国建筑工业出版社出版、发行（北京海淀三里河路9号）
各地新华书店、建筑书店经销
北京建筑工业印刷厂印刷印刷
*
开本：787×960 毫米 1/16 印张：17¼ 字数：224千字
2020年5月第一版 2020年5月第一次印刷
定价：38.00元
ISBN 978-7-112-24903-9
（35644）

序

建筑市场规模萎缩，行业竞争加剧，企业面临严峻挑战。以数字建筑为代表的新理念、新技术为企业带来了机遇。建筑企业借助数字建筑，提升管理水平，强化技术实力，增强核心竞争力，就可以立于不败之地。为此，需要提高认识，敢于创新，勇于实践。本书可为建筑企业管理人员提供这方面的启示。

——清华大学土木工程系教授 马智亮

随着数字技术的发展，AI、大数据、云计算等不断赋能各行各业，带来了前所未有的冲击和颠覆，也带来了更具效率的生产经营模式。目前建筑行业迫切需要通过数字化、在线化、智能化等手段变革产业的生产方式，助力产业转型升级，而数字建筑正是破解建筑行业目前生存环境恶化、管理粗放、利润降低等困局的有效手段，是助力产业转型升级的核心引擎。

——河南省建筑业协会常务副会长兼秘书长 李娟

建筑行业困顿，在几年前大家谈论这个趋势时，不少人不相信或不以为然，不管信或不信，它还是来了。建筑行业数字化，目前也有一些人不相信或不重视，不管我们态度如何，数字化还是快速到来了。数字化已经实实在在帮到部分施工项目和企业，相信会有更多的建筑企业因为数字化而实力提升和发展加速。

——广联达科技股份有限公司总裁 袁正刚

建筑业是一个古老的行业。从埃及金字塔到玛雅文明，从都江堰到秦直道，建筑业的历史和进化几乎与人类其他文明同步。所以，我相信任何时代，建筑业的进步都无可阻挡。建筑业也是一个庞大的行业。任何技术的突破，只要应用于建筑业，都会对人类产生巨大的贡献。在当今众多推动建筑业进步的技术中，数字建筑算是建筑语言最底层的创新性技术，影响建筑产品从设计到运营的所有环节，只要这一技术实现突破，得到广泛应用，对行业将产生深远的影响。虽然推动数字建筑技术在目前还不容易，但任何进步都是在克服重重困难后，才找到“柳暗花明”的“又一村”。目前，中国处在大发展、大建设阶段，希望数字建筑技术推动中国建筑业与中国社会的进步。

——上海攀成德企业管理顾问有限公司董事长 李福和

未来的五到十年，中国建筑行业将面临一个更为快速剧烈的变化周期，无论是外部宏观环境的发展需要，还是行业内部竞争压力，都对建筑企业自身发展思路与发展模式提出了更高的要求。

如何转变建筑企业在社会经济发展中的角色？如何完善自身产业结构布局与产业链延伸？如何持续提升自身核心业务效益，增强行业竞争力？如何转变竞争模式，实现发展突破？面对种种繁难，我们唯有躬身前行，用自己的智慧和汗水，迎接挑战。

——北京市第三建筑工程有限公司副总经理、企业 CIO、总法律顾问 刘睦南当今，所有企业都处在以信息化为基础、以数字重新定义企业、重构企业核心竞争力、引领企业创新发展的新阶段。新一轮信息革命，将会带来产业革命和商业模式突破性创新。在这关键时期，所有企业都要认识和把握新一轮信息革命浪潮。本书恰好可以给予企业更多的思考以把握数字化转型。

——中国建筑科学研究院研究员 黄如福

前言

目前，产业数字化变革已在全球范围内呈现风起云涌之势，英国出台了数字英国战略，德国推行“工业革命 4.0”，法国提出“数字化革命计划 2017 ~ 2027”，我国也正在积极发展“中国制造 2025”和“数字经济”，且“数字中国”概念在党的十九大报告中出现。从各国家的长期发展战略来看，发达国家和发展中国家均将新驱动、信息化作为数字经济发展的重要途径，普遍将基础设施建设作为数字经济持续发展的基础。因此，国家面临着一轮面向数字化的转型。

全球数字化变革风起云涌，内忧外患的建筑行业数字化转型趋势已不可逆。建筑业作为我国国民经济支柱产业，近年来，受到不甚景气的经济大环境的影响，我国建筑业产值的绝对值和增长情况都不太乐观。另外从趋势上看，建筑行业的先行指标——固定资产投资——近几年增速持续低位徘徊，从 2018 年下半年至 2019 年 10 月，每月固定资产投资增速均在 6% 以内，乏力的增速传递到建筑施工行业，导致施工企业的生存环境恶化。同时建筑行业本身的“内忧”也比较严重，长期以来被贴上了“落后产业”的标签，发展模式粗放、生产效率低、工业化程度低、建筑人员综合素质差，而且资源浪费大、建设成本高。种种因素结合在一起，严重阻滞了建筑业的长期发展，其主要原因为可归纳为：施工人员老龄化、施工事故频繁化和生产效率低下。

在面对施工人员老龄化、安全事故频发化等问题时，无法针对每一个问题寻找多个解决方案，这个时候需要解决问题的根本，找到最有效的整体解决办法。随着大数据、云计算、人工智能、区块链等技术的“赋能”，建筑行业如今也迎来了新的转折点，即数字建筑，它是建筑业数字化转型的核心引擎。

本书出版的初衷是想为施工企业展示行业外部的环境以及行业自身的运行情况，也就是告诉我们的读者施工行业外部、内部在发生着什么。那么在做这样的内外部研究的时候，编者得出了上述“数字建筑是建筑业数字化转型升级的核心引擎”这样的结论，后面章节将向读者详细地展示上述结论是如何得出的。另外在进一步的研究中，编者洞察到一些有前瞻性的施工企业已经开始了数字建筑的探索之路，动因主要有两方面：一是企业希望利用数字化的手段切实解决企业经营中遇到的问题，二是灵敏的施工企业嗅到了行业数字化的趋势，为了保持行业的领先地位或者希望通过转型实现弯道超车的企业，正在积极地开展数字化转型。那么在转型的过程中遇到了什么样的困难？如何克服？有什么样的经验教训？转型的效果如何？后面章节从行业大咖视角、单个企业视角、区域视角一一为您解答。

编 者

目录

第一章

建筑施工行业整体环境恶化，数字建筑成为产业转型升级的核心引擎

建筑企业的整体生存环境在恶化。近年来随着市场环境的变化，建筑业步入了“新常态”，建筑业的总体市场规模达到顶峰区间，另外，从建筑业整体运行环境来看，城镇化进程这一建筑行业重要的驱动力将发生本质变化，我国即将进入城镇化后期阶段，城镇化进程将放慢。

数字建筑是产业转型升级的核心引擎，是建筑企业应对环境恶化、顺应数字时代到来的重要手段。数字化转型是行业发展的趋势，作为数字技术与建筑产业有效融合的“数字建筑”，既是工程项目成功的关键基础，又是建筑产业的创新焦点，也是实现建筑工业化的重要支撑，必将成为建筑产业转型升级的核心引擎。

第一节 建筑企业整体生存环境恶化

在本书的开篇，我们先来了解目前建筑业企业的生存环境。建筑企业已经对整个行业的运行环境有了切身的体会，尤其是在建筑施工行业深耕多年的老施工人会觉得现在施工企业的日子不如以前好过了。那么“日子不好过”这种现象的背后是什么呢？是行业整体运行环境的恶化，是行业内部自身竞争的加剧以及上游对建筑产品要求的提高。

上游固定资产投资增长的乏力传递到建筑业，恶化了建筑业外部的生存环境，另外，建筑业材料的使用量已经达到了顶峰，增长空间有限，这些都造成了建筑业外部生存环境的恶化。建筑行业的先行指标——固定资产投资近几年增速持续低位徘徊，从 2018 年下半年至 2019 年 10 月，每月固定资产投资增速均在 6% 以内，导致施工企业的生存环境恶化。另外从趋势来看，近年来随着市场环境的变化，建筑业步入了“新常态”，其中“新常态”最重要的表现是建筑业的总体市场规模达到顶峰区间。

不仅外部环境恶化，建筑行业内部本身的竞争也在加剧，主要是因为行业本身对施工企业提出了更高的要求。建筑施工行业经过 40 年的发展，已经由原来的卖方市场变为买方市场，行业本身对建筑产品提出更高的要求，建筑产品体量越来越大、结构功能越来越复杂，并向个性化、智能化、绿色建筑发展，建筑生产方式向数字化、智能化转型。总之，业主方的要求越来越高，更加注重软质量的提升，加之国内建筑市场分配不均衡，企业生存难度加大，迫切需要转型升级。

2020，没有增量的竞争

李福和

上海攀成德企业管理顾问有限公司董事长

观点 1：建筑业处于行业顶部，未来的增量不再

第一个角度是从建材使用量看，主要建筑材料的用量基本稳定或者下降。目前国家统计局或者行业协会统计的建筑业产值数据还在增长，但这并不表明建筑业工程量在增长。水泥价格涨了，砂石料价格涨了，人工工资涨了，这些都会带来建筑业产值的增长，但真正的工程量并没有增加。如果我们看建材的用量，水泥最高峰年产 24 亿吨，慢慢已经下降到了 22 亿吨，这几年下降了 10%（图 1）。我们看房屋建筑业，其产值每年都在增长，但是房屋建筑开工面积没有太多增加，竣工面积也基本上是稳定的，房屋建筑竣工面积最高时达到 42 亿平方米，最近两三年稳定在 40 亿平方米（图 2）。

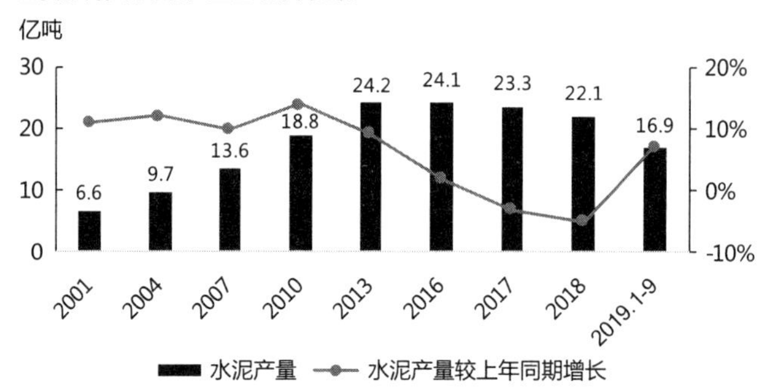

图 1 全国水泥产量及增长率变动（数据来源：国家统计局）

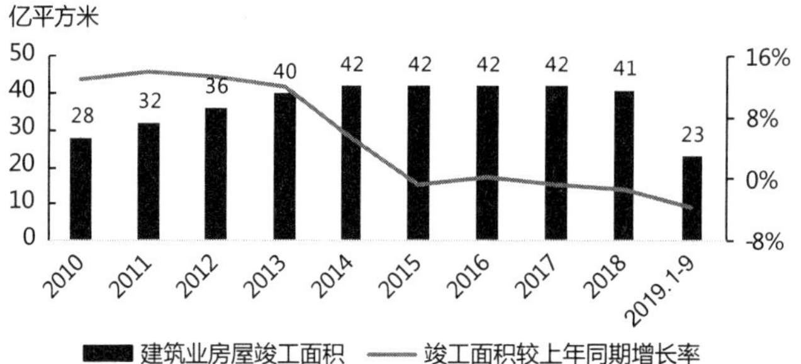

图 2 全国建筑业房屋竣工面积及增长率变动（数据来源：国家统计局）

第二个角度是以三分法（房屋建筑、基础设施、工业建筑）看建筑业，增长空间有限。固定资产投资的规模和结构，直接决定了建筑业市场的好坏。从投资构成看，制造业、基础设施和房地产加起来占整个固定资产投资的 3/4；其中，制造业投资占 1/3，房地产和基础设施投资各自占地超过 1/5。这三个领域的投资如何，决定了中国建筑业的未来市场如何。当然，这三个方面的投资，对建筑行业的推动也是有差别的，制造业投资除了建厂房，还要买很多装备；房地产投资有 30% ~ 40% 要买土地，还有配套费，直接转化成建安费的比例比土地可能还少；基础设施投资转化成建筑业产值的比例相对最高，某些细分行业的投资 70% ~ 80% 都转化到了建筑业产值中。2018 年制造业投资是 20 万亿元，增速 2%；基础设施投资 14 万亿元，增速 4%；房地产投资 14 万亿元，增速 10%。这三个加起来总计 48 万亿元，但总体看，都很难为建筑业带来较高速度的增长。有人期待基础设施的投资引擎启动，但即使这个发动机启动，也不是所有建筑企业的机会，基础设施建设主要是中央企业（简称“央企”）的机会，民营企业（简称“民企”）的机会不是很大。

再挑选产值转化率比较高的基建细分行业来分析。高速公路和城市轨道交通建设投资目前还在增长，且城市轨道交通投资增长较快（图 3）；铁路投资基本平稳，

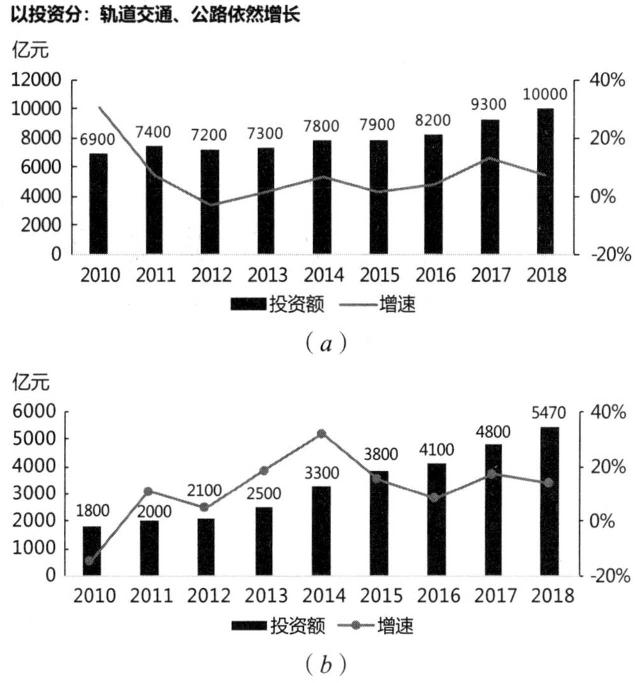

（*a*）

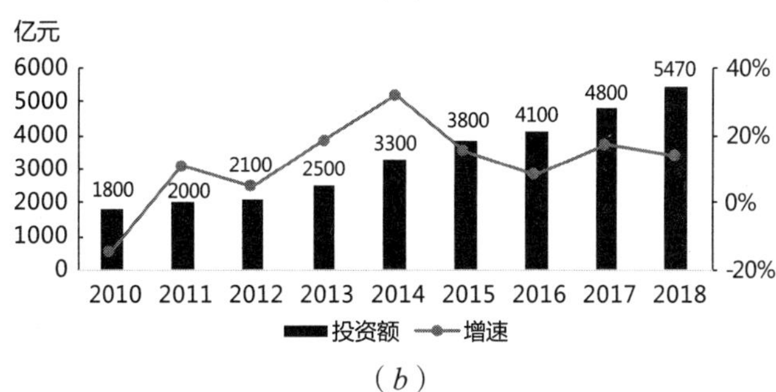

（*b*）

图 3 高速公路建设完成投资额及增速（*a*）与轨道交通固定资产投资额及增速（*b*）

（数据来源：国家统计局）

不增长也不下降，隧道、桥梁投资也基本平稳（图 4）；港口、航道、火电行业的投资下降比较快，在可以预见的未来，其投资空间也比较有限（图 5）。当然，解读

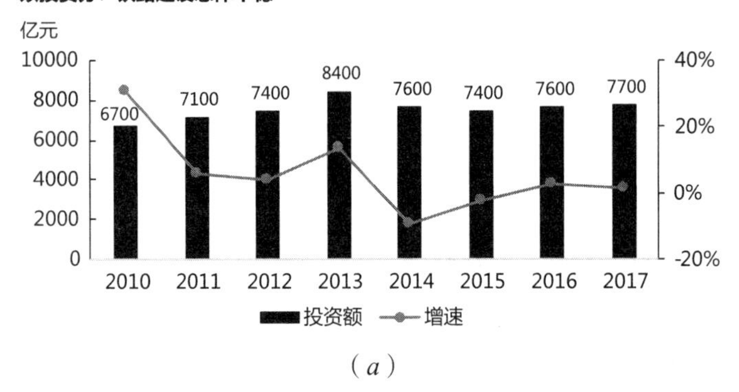

（*a*）

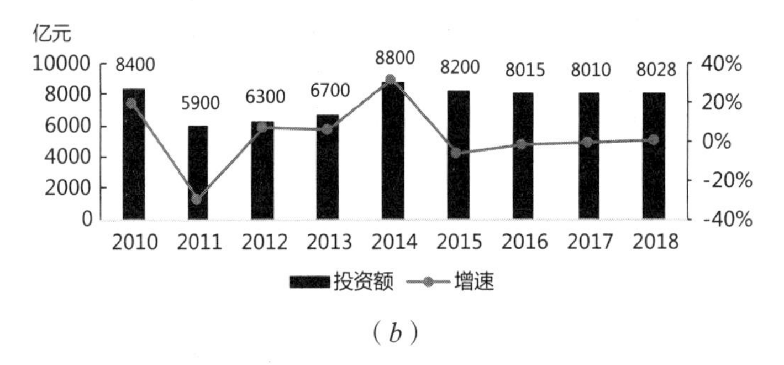

（*b*）

图 4 道路桥梁固定资产投资及赠送（*a*）与铁路固定资产投资及增长率（*b*）

（数据来源：国家统计局）

投资数据时，不仅要看增长速度，还要看绝对值。有的细分行业很小，每年就投资200亿~300亿元，即使它每年以100%的速度增长，对建筑行业的作用也很小。

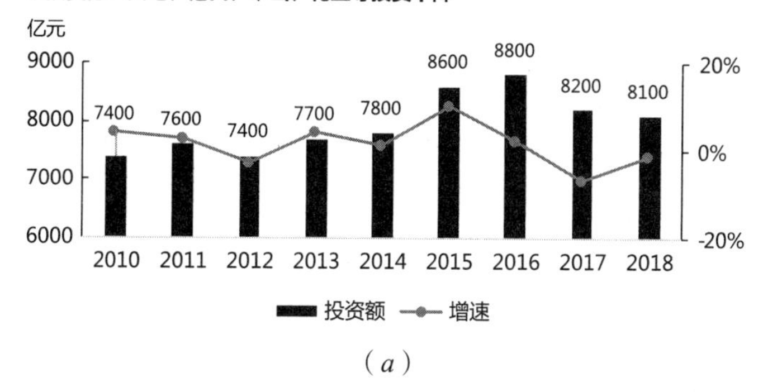

（*a*）

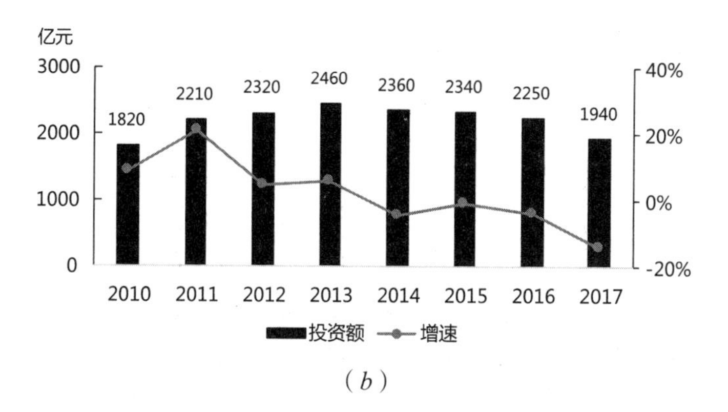

（*b*）

图5 电力投资及增长率（*a*）与港口建设投资及增长率（*b*）

（数据来源：国家统计局）

无论是从建材使用量还是从投资角度来看，建筑业增长时代已经结束了。对于大家都充满期待的基础设施建设行业，也未必是一片光明。那么，增长时代为什么会结束呢？

第一个原因是后城镇化时代到来，城镇化增长进入 1% 时代。“后城镇化时代”是指城镇化最快的时代已经过去，未来速度放缓，方式也可能变化，城镇化会出现新的特点。我国城镇化速度增长最快是 2000 年 ~ 2015 年，最高的年份城镇化率增长速度达到 4%，2018 年增速下降至 1.8%。随着农村人口的进一步减少，未来每年城镇化人口的数量可能进一步下降。北京、上海、广州、深圳、合肥、武汉、长沙等城市，房价上涨后城镇化的速度也会被抑制，生活成本太高，进城难度加大，城镇化速度会进一步下降（图 6）。

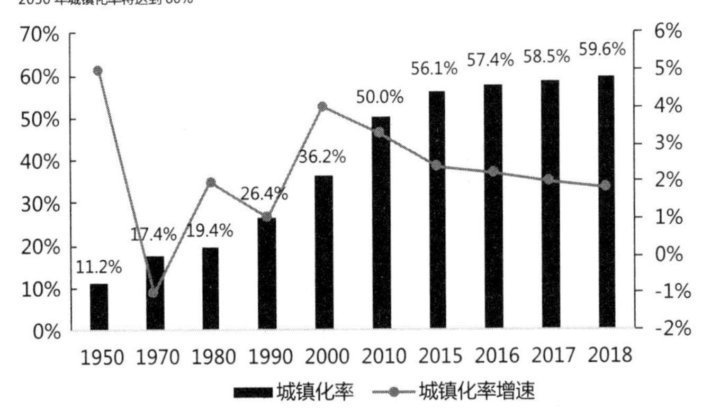

图 6 中国城镇化率及增速变动（数据来源：中国社科院，《城市发展报告》）

第二个原因是固定资产投资主要领域的投资效率和投资回报持续下降。这也是一个很大的问题，投资需要回报，如果投资不赚钱的话则无人愿意继续投。研究显示，过去十年，中国固定资产投资回报率持续下降（图 7）。

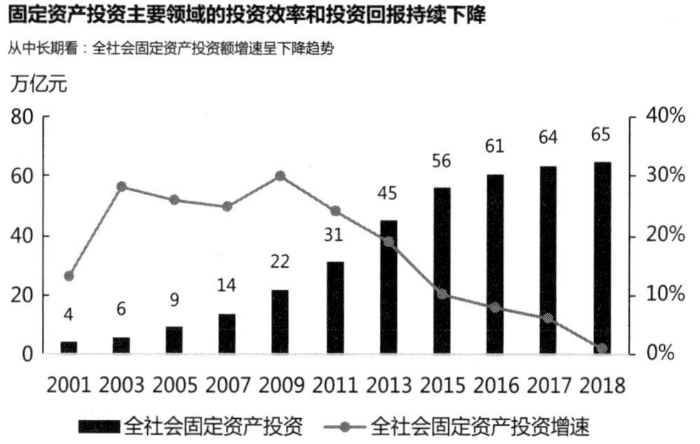

固定资产投资主要领域的投资效率和投资回报持续下降

从中长期看：全社会固定资产投资额增速呈下降趋势

全社会固定资产投资　全社会固定资产投资增速

图 7 全社会固定资产投资及增速变动（数据来源：国家统计局）

第三个原因是相比需求，建设总量和建设能力巨大，需求弱于供给。固定资产投资者是建筑行业的衣食父母。过去十年，民间投资占比从 64% 增长到 75%，可以说，民间投资是中国固定资产投资增长的坚强力量，但现在基本上稳定了，增长不再（图 8）。如果没有民间投资的增长，未来中国整体的投资增长是堪忧的，由此，建筑业市场的增长就很难再有了。增长不再，意味着整个工程行业市场的增长曲线走到了拐点，这就迫使我们企业要去思考未来怎么活下去。

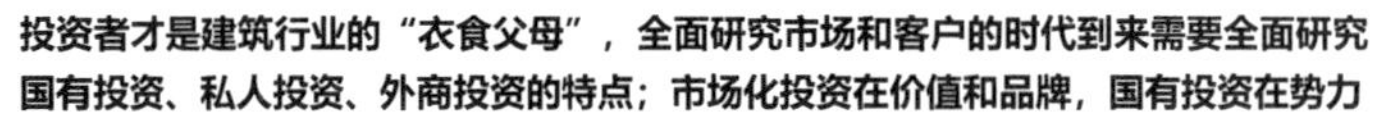

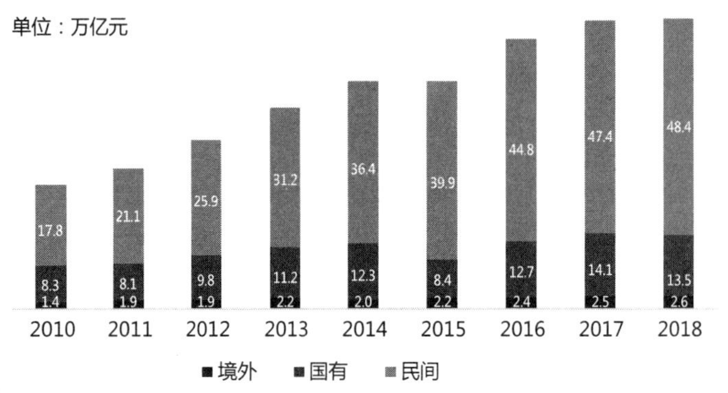

图 8 分类型社会固定资产投资额及占比（数据来源：国家统计局）

从工程存量看，住房已经基本满足需要

中国不支持高人均住宅面积，且目前人均水平已经比较高，人均住宅面积与发达国家接近

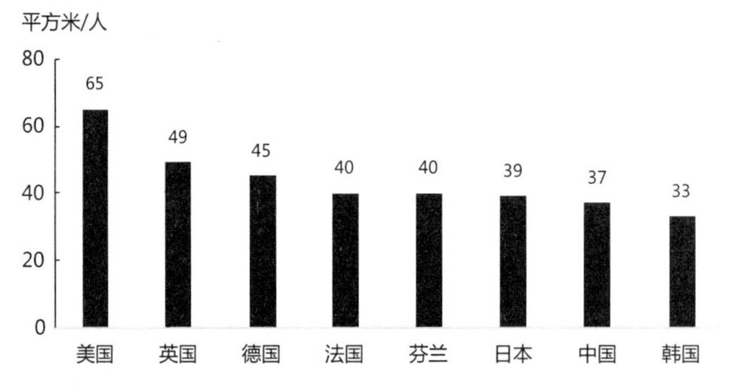

图 9 2018 年各国人均住房面积（数据来源：民生证券）

观点 2：行业内的竞争分层且总体格局固化

中国建筑行业 24 万亿产值，10 万家企业，可以简化为上、中、下三个层次，企业之间的竞争明显分层，且阶层正在慢慢固化。

一是国有企业和民营企业的竞争格局固化。20世纪八九十年代，江浙民营企业是给国企做分包，后来慢慢开始跟国企同台竞争；2005年前后，有些民企开始并购国企，浙江的广厦、宝业都曾经并购过国有企业。到了现在，行业顶尖的超级工程、世纪工程基本上都是国企在做，民企还是做一些房地产项目。从国优工程、鲁班奖工程的获奖比例，也大致可以看到国企和民企的竞争格局。甚至在我参加的各类建筑业会议上，国企和民企嘉宾发言的数量也大致可以看到竞争格局的固化。

二是细分市场（房屋建筑、基础设施、工业建筑）竞争格局固化。不仅整体市场格局固化，每一个细分市场的竞争也基本上固化了。有一些央企在转型升级的时候，拼命向其他细分行业渗透，比如中国建筑做了不少基础设施，中国交建也进入了铁路领域，但很难说改变了竞争格局。央企如此，民企转型更难。很多企业在转型做了多年之后，发现转型并不容易，深度转型就更难，就像拳头打沙发一样，怎么打也打不进去，沙发还是那个沙发，拳头还是在皮子外面，外面怎么攻也攻不进去。

三是优秀企业和一般企业的竞争格局固化（能力差异、资源差异）。走捷径的企业，它永远走捷径，捷径的尽头就是企业的尽头；重视能力建设的企业，它一直绵绵用力、久久为功，这些企业逐步成为优秀企业。比如有些做联营挂靠的企业朝自营转型中，联营挂靠的思维惯性基本固化，很难改变。优秀企业是长期进步的累积，一般企业也是长期进步的累积，只是累积的速度和特点不一样。在传统行业，很难出现突破性的剧变，时间越长，越能看到优秀企业和一般企业竞争格局的固化。

四是大型企业内部分层且局面难以变化。这几年央企在市场上占有优势，做了很多高端项目，但数据显示，七大建筑央企的市场份额基本稳定在31%（图10），并没有多大变化，这说明什么问题？并不是所有的央企或者央企二级单位都在快速发展，有些在进步，也有些进步并不明显。以万亿级收入的中建来说，各个子分工程局也在分化，优秀的越来越优秀，基数高、增速快；大型三级公司的收入和利润已经超过了很多二级公司的收入和利润。不仅中建如此，其他建筑央企内部分化的情况也非常普遍。这种现象，对建筑央企在企业管理的各个方面都提出了巨大挑战。

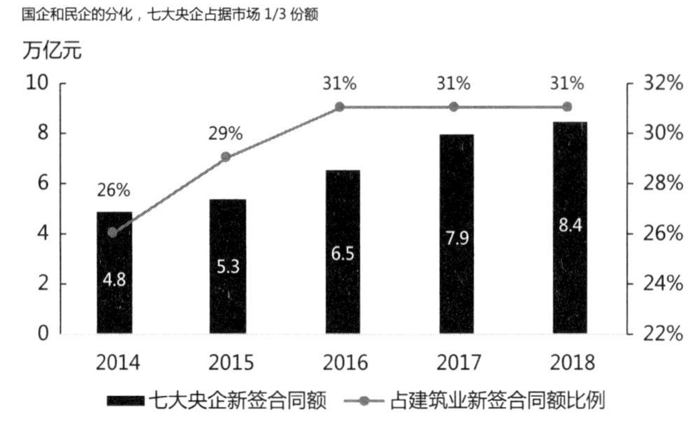

图 10 七大建筑央企新签合同占建筑业新签合同额比例

（数据来源：企业年报、国家统计局）

观点 3：建筑业的竞争不会弱化

为什么行业竞争不会弱化呢？很重要的一个原因是建筑企业之间战略的趋同。大家战略很相似，看看中建、中交、中铁、中铁建、能建、电建的网页，看上去这几个公司的业务是差不多的，你在做的他也在做，你能做的他也能做。除了业务趋同，业务模式、资源能力也都趋同，必然导致企业在业务和客户选择上的趋同。如果按照这个方向走下去，10 年后，这些企业的差异更小，战略会更加趋同。正是由于企业战略的趋同，必然导致同质化竞争，所以竞争不会弱化，即使竞争格局固化为不同层级，同一层级内企业之间的竞争也会异常激烈。

格局固化的不同层级之间的企业会如何竞争？建筑央企总体上处在建筑业顶层，

优秀民营建企居于建筑业第二层。我们认为，国企不会消灭民企，民企也不会消灭国企。国企的优势与民企的优势不同，国企的优势在于它的好信誉、好品牌、好员工，企业能做得比较长远；民企的优势在于它的机制活、决策快、适应好，也可以做得很长。不同的特点，让这些企业找到自己的不同市场，形成不同的竞争优势。国企和民企特性不同，各有自己的竞争优势，我们也可以从组织管理上看到一些端倪。最近从建筑央企的总部到下属工程局，都在缩减部门，从三十几个部门开始减，减少了很多部门，但是怎么减最后还有二十五六个。那民企里面组织部门有二十五六个吗？没有啊，民企的组织都比较精简，民企组织最臃肿的也比组织最精干的国企精简。

观点 4：建筑企业的未来是与自己竞争

业务竞争策略。首先是找准模式。建筑企业在未来发展当中要关注两种模式，一个是工程总承包，另一个是BOT。大型建筑企业一定要在工程总承包层面有所突破，而且需要久久为功，把能力建设好。 其次是以客户满意赢得市场。业界就有不少企业，规模不算大，但跟他合作过的企业都很满意；有的企业长期深度耕耘一个市场，都是回头客，客户回头必然是因为客户满意，这样的企业是不缺市场的。第三是聚焦业务，建立基于业务的专业能力。要有钻研精神，根据自己的实际，形成自己的业务竞争策略。

管理竞争策略。通常一个行业到了顶点之后，应该是它现金流最好的时候；但建筑行业现在到了顶点，企业现金流却在恶化（图 11）。这种很不正常的现象，是值得我们去思考的，建筑行业赚的钱都变成应收账款了。从这个角度来说，建筑行业除了要推动技术进步以外，还有更重要的一点是要推动行业管理和法律体系的进步。看看发达国家建筑企业年报，比如美国和日本的建筑企业，财务报告里是没有这么多应收账款的。企业应收账款不多，现金流状况就比较好，企业经营就比较稳健。

建筑央企的困惑：在行业顶点时现金流恶化

部分央企2019年前三季度经营活动和投资活动产生的现金流量净额均出现下降

公司名称	2018年前三季度经营活动产生的现金流量净额（亿元）	2019年前三季度经营活动产生的现金流量净额（亿元）	2018年前三季度投资活动产生的现金流量净额（亿元）	2019年前三季度投资活动产生的现金流量净额（亿元）
中国中建	-650	-1067↓	-142	-180↓
中国中铁	-327	-409↓	-204	-267↓
中国铁建	-476	-199	-305	-304↓
中国交建	-304	-382↓	-343	-397↓
中国电建	-80	-121↓	-375	-484↓
中国中冶	-73	-106↓	-95	-52
中国化学	15	17	-9	-31↓
中国核建	-30	-91↓	-30	-47↓

图 11 八大央企 2018 ~ 2019 前三季度现金流量数据（数据来源：企业季报）

下一轮竞争重点

从目前大多数建筑企业的现状出发，2020 年或者以后的几年里，企业工作的重点在哪里呢？

一是工程总承包能力建设。我预计现在的 10 万家建筑企业里面，有 500 家能在 5 年或者 8 年以后转型成工程总承包企业。建筑企业朝工程总承包转型包括思想转型、组织能力转型和组织管理方式转型、管理体系转型、人力资源结构和能力转型、资源匹配方式和管理转型、技术能力提升共 6 个方面的转型。这 6 个方面相互促进、相互融合，才能提升企业工程总承包能力。大多数企业很难在短期内做好这些工作，很难让这些转型相互融合，所以能转型成功的企业比例不高。

二是研究城市。城市是人类文明进步的产物，也是文明进步的标准。从城市到城市群、都市圈，中国城市发展潜力差异巨大，城市研究、选择的价值更加重要。

就中国的五大城市群：长三角城市群、粤港澳大湾区、京津冀城市群、长江中游城市群、成渝城市群，如果想让企业有所成就，建议把企业总部迁到这几个城市群。

三是建立或者利用他人的专业能力。在研究国际工程公司的管理中，我们发现他们的二级机构主要是专业公司，业务不同、能力不同。我们国内的工程企业不是这种模式，我们是号码公司，业务相似、能力相似。在日常调研中，不少企业发现内部分子公司存在这么一个规律：什么都做的往往效益不太好，但做专业化的都还做得不错。

四是均衡发展组织能力，成就基层组织。一个企业主要是由下面的业务单元支撑的，好企业下面的业务单元都比较好，差企业下面很难找到好的业务单元。以中建为例，工程局做得好的，号码公司和区域公司做得好的数量就多。三级公司的好坏可以支撑工程局在建筑央企的地位。所以要把二级公司做强。

五是改善心态，绵绵用力，久久为功。改变心态，包括从如下视角思考：从横向跟别人比到跟自己的过去比；从赢家通吃，到做好自己能做好的事；从行政化到市场化；从赚大钱、块钱、急钱到积小钱、慢钱、长远的钱；从谈大国情怀到做好“三基”（基本功、基础、基层）。过去20年，我走访过2500家建筑企业，认识建筑企业管理者五六千人。我粗略估计，在我见过的企业家里面，至少有1/3的人持机会主义心态，就想在建筑行业里赚一把，没有想过把自己的企业做久，做几十年。如果建筑行业里面有2/3的人是绵绵用力、久久为功，不在乎今天赚多少钱，而在乎未来十年赚多少钱，我们的建筑行业会越来越好。

2019 民营建筑企业需要重振、再出发

黄如福

中国建筑科学研究院研究员

民营建筑企业近几年碰到一些困难，情况比较严重。有人说："2016年吓死一批，2017年愁死一批，2018年累垮一批。"不管怎么说，这几年企业确实不容易。但是，大多数企业还是挺过来了。这是好事，值得庆贺。不过我们必须做好准备，不容易的日子可能才刚刚开始，未来几年民营建筑企业的发展状况不一定会好转，也许还会更加困难。

企业经营总是会遇到困难的，这很正常。但是，一些企业一碰到困难，就怪罪于外部环境，甚至把自己经营不好的原因归结于宏观经济，动不动就把企业的问题与宏观调控、去杠杆、体制改革、调结构、中美贸易战、营改增、融资政策、建筑法、行业政策、企业资质标准、建筑市场环境等扯上关系。

当前，我国经济发展进入瓶颈期，这是事实。但这与企业发展困难有关系吗？请大家调查一下，那些倒下的企业，90%与市场竞争没有直接关系（绝大部分是由于内部管理的问题）。在国家经济困难时期，做得好的企业大有人在。现在就是把所有人、所有企业的财富都归零，都从零开始，过去那些做得好的人和企业，大多数还将是领跑者。不要把什么问题都怪罪于外界，怪罪于人。大环境、宏观经济对

所有人都是一样的，即使是不完善的制度，对大多数人来说，应该是同等的。

因此，做企业，必须回归到自己，回归到企业本身。想想40年来，我国经济发生了哪些变化，我们的行业发生了什么变化，市场环境发生了什么变化，想想自己有什么能力。不要消极等待，要主动改变；更不要抱怨，而要主动去适应。

了解过去、思考未来的必要性

改变、适应就意味着企业要转型升级。一提到转型升级，有人就认为是转行或跨界发展。这样转型是不是太草率？这样升级是不是太简单？这不仅说明我们对我国改革开放40年的理解不够深入，而且对未来经济发展也缺乏最基本的评估。

第一，我们应该知道，过去40年，我国由于物资匮乏，做什么都有市场，做了主业，再延伸相关业务也很容易，可以自由生产，上市也较容易，人们都是围着产品转，到处找产品；过去40年，市场结构、经济结构基本形成，“跑马圈地”基本完成；从2019年开始，由于物资产品越来越丰富，人们的选择越来越多，企业再也不能没有目标地生产了。现在，除了要把生产出的产品快速销售出去，还需要去库存，盘活存量，按需生产。若想转行和改变生产品种，必须要有高超的技能。“跑马圈地”完成后，每一块市场、每一家企业都在建筑“高墙”，防止自己的市场被人“侵占”。简单地说，过去40年是解决生产效率、压缩成本、改良工艺、不断扩大生产的40年；未来将是解决分配效率、去库存、盘活存量、盘活社会资源，深度经营，把众多的产品分配到最需要的人手里的时代。

第二，过去40年，靠的是人海战术，完成了国家经济的“搭框架、建结构”的任务，即建设的是硬实力；现在已经进入机械化、自动化、高技术、高效率的生产年代，生产变得更智能，管理变得更智慧；建设的主要任务是精装修，打造的是软实力，需要精耕细作、做品质，需要高品质的生产能力。

第三，过去 40 年，我国是外向型经济，依赖国外资本、世界大市场，靠的是世界经济大轮子来带动我国经济，我们开广交会、上交会、深交会，出口商品。我们通过廉价的产品和好的产品走出去，换回经济利益，改善我们的生活，使人民的生活更加便利，目的是解放消费者或用户。未来是需求型经济，应依赖中国市场。2018 年我国开始举办进博会，目的是提高产品的品质和文化品味。不然，人们有了钱就会到国外去消费，因此，必须解放企业或组织，提升企业的运营效率，降低企业的运营成本，在产品的先进性方面引领世界。企业的运营成本、产品品质决定企业的生死存亡。如果企业经营得不好，就生产不出先进的、社会需要的产品。

由此，不难看出，如果我们不理解过去，不思考未来，依然还在使用旧地图，我们能发现新世界吗？绝对不可能！

40 年来建筑业的变化要求企业改变发展思路

改革开放 40 年，我国经济、世界经济发生了巨大变化，建筑业呢？同样也是如此。过去 40 年，建筑市场“背个背包、喝喝酒”就可以接业务，“拉起一支队伍、搞搞公关”就可以承包到工程；但现在同一个工程项目有几百家企业在同台竞争。过去建筑业的生产对象——建筑产品的体量较小，结构功能比较单一，设备简单；而将来，建筑产品体量越来越大、结构功能越来越复杂，新型设备多，智能化水平高。过去对建筑产品的要求主要是结构合格；将来是绿色建筑、零碳建筑以及（群体）个性化建筑或主题建筑，即为不同人群提供可以节约资源，节能、节地、节水、节材，保护环境，减少污染甚至是无污染，健康、舒适和高效，与自然和谐共生的、个性化的生活空间。过去建筑工程的发包方式是规划、设计、施工等分别发包；未来主要是EPC（工程总承包）和PPP等发包模式。过去的生产方式是砌筑、现浇施工；未来将是设计标准化、部品部件预制化、施工装配化、装修一体化、建设管理信息化。过去的服务方式是投资咨询、勘察、设计、监理、招标代理、造价等独立发挥作用；未来将是全过程工程咨询，等等。

由此可见，各个行业都在发生变化，我们还拿着那张老船票，能登上现代列车吗？使用那本老黄历，还能测出凶吉吗？答案是否定的。

例如，2018年之前的房地产业，依靠大量人口进城，需要建造大量住宅和配套设施而获得红利。而现在随着城市人口增长放缓，这种模式已经走到尽头，“去库存、盘活存量”已成为房地产企业的主要出路。也就是说，房地产企业从“拿地建房”到开始进入“盘活存量”和“提供生活服务”的时代，到构建城市“主题生活社区”和“提供配套服务”的时代。即房地产企业家需要思考的问题是：城市要构建哪些和什么样的“主题生活社区”，如何为这一个个不同主题生活社区提供配套服务，如何服务好这些群体等。

民营建筑企业如何转型升级

同理，在2018年之前，建筑企业依靠大量廉价的劳动力获利，而现在随着劳动力的减少，用工成本高涨，劳动密集型企业彻底没有了出路，那我们该怎么办，该如何转型升级？

有人总结，民营建筑企业转型升级需要翻过三座大山：市场的冰山、融资的高山、转型的火山。这个总结很形象：

市场是一座冰山，市场对任何人，至少对大多数企业都是“冷酷无情”的，是平等的。企业必须提升自己，建立适应高质量市场需求的能力，适应市场竞争，而不是等待市场来适应你。

融资是一座高山，融资肯定是要有门槛的，若没有实力，没有发展前景，看不到希望，或完全依靠贷款生存的企业、僵尸企业，甚至是失信违约企业，任何人是不可能把资金投资给你的。因此，你必须讲诚信、有一定实力或有前景才能翻过融资这座高山。

转型是一座火山，企业转型，其实首先应该升级，要升级我们的思想，排除压力，升级我们的能力，解决目前能力不及的问题，让自己能融入主流，否则必将被淘汰。例如挂靠经营，现在是大多数企业的主流经营模式，但其价值和风险是众所周知的。因此，企业必须要有规避风险、发挥其价值的战略战术。

也就是说，经营企业必须要有战略思维，除调整战略外，还要从战役、战术上进行思考，制定具体的行动方案和措施。战略是发展方向和目标，战役是组织，调整战略战役，主要是要调整人、调整组织、调整分配制度；战术是执行，就是要研究制定达到目标、防范风险的行动方案和措施。具体地说，2019 年，该收的应该收，该调整的应该调整，该裁员的要裁员，该加人的要加人，练好内功，应对风险，强身健体，迎接风浪。不要找风口，更不要等风口，要建筑“高墙”，防范“入侵”，长好翅膀，准备起飞。没有翅膀，即使等到了风口，又能飞多远？也就是说，企业只要做好自己，就一定能成功。

第二节 在变革的路上困难重重，数字建筑脱颖而出并引领产业变革与发展

施工企业在积极突破重围，试图改善生存环境的变革路上也是困难重重。面对建筑业“新常态”下的市场环境，施工企业唯有提升自身的核心竞争力来应对，具体来说就是遵循降低资源投入，加大管理和技术创新投入的大原则，顺应数字化转型这一时代潮流，提升建筑产品的软质量。但是目前我国建筑施工企业推动信息化困难重重，并且效果不是很好。需要强化隐性信息的显性化，因为隐性信息是建筑业推广信息化最重要的核心，很多隐性信息被挖掘出来以后才会将众多信息化应用的点与项目的整个价值直接绑定在一起。还要推进点状信息的体系化，强化各个信息化点之间关系的信息体系建设。

当施工企业存在数字化转型的需求又遇到重重困难的时候，数字建筑应运而生。建筑施工企业依靠新的信息技术寻求转型，就必须要去积极全面地了解并运用信息技术。集合 BIM 技术、大数据、IOT 技术、云计算、人工智能等数字技术，构建建筑施工企业数字化的作业、系统的管理和智能的决策。数字建筑将引领产业变革与发展，让产业各方实现数据互联互通，产生积极的应用成果，实现人员数字化、物资数字化、安全数字化、进度数字化。

总之，虽然企业的生存不完全取决于行业的整体环境，但笔者认为当行业进入低速发展轨道，整个行业对企业的发展质量就会提出更高的要求，而在数字时代，在古老的建筑业里耕耘的企业也会试图寻找弯道超车的捷径，借助数字化的力量帮助企业提升竞争力，解决“利润率低”这一行业痛点。因此，数字化转型是建筑企业抓住数字化机遇，在恶化的生存环境中脱颖而出的重要手段，数字建筑脱颖而出。

“631”模式还能适应数字化时代建筑业企业的发展需要吗

李福和

上海攀成德企业管理顾问有限公司董事长

在时代飞快发展之际，建筑业的生存环境也在发生着很大变化。作为建筑行业的从业者，我们在这短短几年时间内切身感受着这些改变。在今年的中国数字建筑峰会期间，广联达《新建造》编辑部记者与行业知名战略咨询企业攀成德公司董事长李福和先生就施工企业的发展与转型问题进行了深入探讨。

改革开放以来，建筑业经历了高增长时期，但近些年随着市场环境的变化，建筑业步入了“新常态”。面对这种变化，您认为建筑业企业应该在哪些方面做出改变？

李福和：回答“新常态”下施工企业要做出哪些改变，首先要认识“新常态”。研究过去是为了更好地预见未来，研究未来是为了发展地更好，我本人和攀成德的同事们在建筑行业已经共同奋斗了二十年，也在不断地加深对建筑业的认识与思考，那么建筑业走到今天是一种怎样的“新常态”呢？我认为这主要体现在六个方面。

第一个方面，我国建筑业的总体市场规模达到顶峰区间。未来，建筑业的市场还能不能够继续扩大，这个问题是值得去考虑的，不要寄予太多的希望。从建筑业产值方面看，当然未来还会有所增长，但从建筑业使用的材料角度看，比如水泥的用量，我国去年用掉了 21 亿吨，占全世界的 50% 以上，而我国人口总数占全球 75 亿人口的比例还不到 20%。那么也就是说，中国人均水泥用量达到了其他国家人均水泥用量的 5 ~ 6 倍，这样的建设量毫无疑问是达到顶峰的。

第二个方面，我国建筑业细分市场正在发生着分化。这与中国经济发展的进程和社会生活水平的提升密不可分。中华人民共和国成立初期，苏联援建我国的 156 个项目是要解决中国工业基础的问题；改革开放初期，我国大力开展对港口、水工、电力、冶金等项目的建设来解决经济发展的问题；而现在，我国的建设投入更多指向城镇化，这就包括房屋、市政以及城与城之间连接方面的建设。作为建筑业企业，要全面考虑建筑市场的分化。

第三个方面，我国建筑业的国际化发展正在加速。随着“一带一路”倡议的落地，中国建筑业企业获得了丰富的实践机会，也经历着“走出去”“走进去”“走上去”的发展过程。据统计，2017 年中国建筑企业在海外的营业收入为 1700 亿美元，新签合同更是达到近 2600 亿美元，在“走出去”方面我们取得了一定的成绩。在“走进去”方面，也就是走进海外的经济体系，走进海外甲方的“心坎儿”里，我们的成绩差强人意，有成功的案例，也有失败的案例。而关于“走上去”，也就是“制定游戏规则”方面，包括标准、规范的制定与监管，我们在海外的项目中做到得并不多。如果说“走出去”可以打 80 分，“走进去”就是 70 分，而“走上去”就只能到 60 分了，甚至还不够。

第四个方面，建设模式快速变化。在传统的建设模式中，设计、施工、运维是相对割裂的环节，随着需求和环境的转变，各环节的价值链也在融合，包括工程总承包（EPC）、全过程咨询等全新的建设模式逐渐形成。那么这种价值链的融合究竟是风口还是趋势？是政策推动的产物还是客户需求的推动？不同的人有不同的看法，在我看来价值链的融合是大趋势，政策的推动只是一个起点，最终一定是靠客户的需要来推动。现阶段工程总承包模式的市场份额在2万亿左右，攀成德公司做过估算，大概到2025年，中国的工程总承包市场将会达到将近10万亿的水平，这将是非常大的增长。

第五个方面，竞争市场化。过去，我们的工程项目是以发包形式为主，核电类项目都是中国核工业集团有限公司在做，建设钢厂都是中冶集团来做。但随着社会经济的持续发展，建设领域的市场化程度逐渐增强，市场竞争也愈发激烈。作为施工企业，外部市场化的竞争环境已经成型，但很多企业的内部管理还是延续行政化的组织方式，这就要求企业在内部管理方面必须要做出适应市场竞争环境的改变。

第六个方面，企业竞争的分化，出现垄断竞争与自由竞争并存的局面。在过去的20年中，由于建筑市场处在高增长的阶段，企业间的竞争并没有进入到白热化的地步，但随着环境的变化，这种企业间的竞争会愈加激烈，同时这种竞争也将带来新的分化。攀成德公司做过这样的统计，从2010年开始，对建筑业归属于股东的净利润超过10亿的企业进行汇总，2010年是4家，到2019年已经上升至48家，我们可以将这样的企业归类为行业顶尖企业。这些企业的竞争属于垄断竞争模式，它们具备非常强的综合能力，无论是品牌、技术创新、管理实施，还是融资能力都非常强。其余的企业就处于自由竞争的状态，当然这样的竞争态势也将愈发激烈。

那么，面对建筑业“新常态”下的市场环境，施工企业唯有提升自身的核心竞争力来应对。在这个过程中，企业需要明确自己的核心竞争力是什么，需要提升哪些能力，如何有规划地提升该能力，在此过程中需要配备哪些资源以及规划时间进程。没有一个企业能在所有的方面都取得成功，要根据自身特点有所选择，通过重点突破，带动企业其他方面的进步，从而实现企业的良性发展。

众所周知，攀成德公司是建筑业最优秀的战略咨询服务机构。作为攀成德公司的董事长，您对建筑业企业有着长期的关注与了解，在您看来，我国的建筑业企业主要分成哪些类型？针对这些类型的企业，您认为应该如何做针对性的战略规划？

李福和：关于建筑业企业的类型，我认为主要可以从4个角度做分类。第一是从经营模式和经营业绩的角度，经营模式可以分为总包、专业分包、劳务分包；经营业绩可以从经营规模的角度分为大型企业、中型企业、小型企业，从利润的角度分为好企业、一般企业、差企业。第二是从专业资质的角度，可以分成十个专业的总承包资质，每个专业下面还有特级、一级、二级等分类。第三是从价值链的角度，有些企业做单一环节，有些企业做单一环节的某个方面，有些企业可以做全价值链的所有环节，当然涉及的价值链越长，对企业综合能力的要求就越高。第四是从创新管理的角度，总体来说，中国的施工企业在过去二十年里都在创新，也做出了很多“超级工程”。松下早年讲过一句话：小型企业要解决生存问题，中型企业要对社会有所贡献，大型企业是推动社会进步的力量。在中国建筑行业里，我们看到技术和管理的创新主要还是大企业在做，碰到高大难的项目，绝大部分还是大企业在突破。

关于企业要如何做针对性的战略规划，我认为应该先从推动建筑业企业进步的三大力量说起，即增加资源推动企业进步、加强管理推动企业进步、增加技术创新投入推动企业进步。在国内优秀的建筑业企业中，这三方面的发展动力比例大概是6∶3∶1，当企业发展动力比例达到5∶3∶2，甚至4∶3∶3或3∶4∶3的时候，企业的进步一定是明显的。当然不同类型的企业要根据自身的发展特点有针对性地进行战略规划，不能一概而论，但总体而言应该遵循降低资源投入、加大管理和技术创新投入的大原则，这也是未来企业在发展过程中最为核心的趋势。

对于建筑业企业而言，最关注的无疑是“找到活儿”和“干好活儿”，项目可以说是施工企业最核心的产品。那么在您看来，企业对项目的管理主要有哪些方面的问题？应该如何解决？

李福和：在我看来，在安全的前提下，企业对项目的管理主要问题无非就是质量、成本、工期这三个方面。首先是质量方面，一个项目做得再快，成本再低，如果质量不过关，那肯定是不行的。当然在社会物质资源日趋丰富的今天，消费者对质量的要求远远不单纯是钢筋扎得好、混凝土浇筑得好这些硬质量方面。如果盖的房子房型不好用、停车不方便，修建的高速公路很平整却经常会发生交通事故，这样的建筑产品也不能符合消费者的需求，我称之为软质量的欠缺。硬质量的提升要靠一线的管理来解决，而软质量的提升则需要整个价值链的融合，不仅仅是甲方、设计方、施工方，包括像攀成德、广联达这些企业都要对软质量的提升有所贡献，共同推动建筑产品全面提升，来适应市场环境的变化。其次是成本方面，对于每一个在建筑领域从业多年的管理者来说，项目的成本不单单来源于人、材、机械，而更多的是如何将这些资源进行合理的调配，甚至从投资、设计环节开始就要考虑资源的投入。那么如何做好施工组织设计、均衡工期、均衡资源投入就显得尤为重要。资源投入起起伏伏、工期断断续续就会导致成本升高。最后是工期方面，工期的要求主要来源于业主方，业主方将工期确定下来后，就尽量不要经常提工期要缩短，或者由于资金跟不上延长工期，应该用更科学的方法来制定合理的工期。

无论是质量、成本、还是工期，这些问题都是复杂的，当然要解决这些问题的方法也不是单一的。面对不同项目、不同情况，施工企业还是要培养高素质的队伍，做出有针对性的策略，最终塑造企业组织能力。现在的项目越来越复杂，企业的规模也越来越庞大，靠个人肯定不如靠团队，美国管理专家贝尔宾曾说："没有完美的个人，只有完美的团队"。非洲一句谚语叫："一个人走得快，一群人走得远"，其实都是从不同的角度来论述团队的重要性。组织行为学主要研究三个层面的问题，即个体、团队、组织，实际上施工企业在解决质量、成本、工期问题的时候，也需要去研究这三个层面的问题，整个组织的建立与运营是一个系统性工程，要构思清楚三者之间的关系。

"无规矩不成方圆"，在企业推进战略转型的过程中，您认为企业是否需要有具体明确的战略目标？企业应该如何制定战略转型目标？

李福和：关于企业是否应该有明确的战略目标，我认为首先企业应该有战略目标，其次应该根据战略目标的具体情况，看是否需要将它明确。对于战略目标的划分维度可以有很多种，可以从时间角度划分，也可以从管理职能角度划分。从时间角度可以分为远期目标、中期目标、近期目标，目标当然是越明确越好，但社会环境的发展是动态的，我们很难清晰地定义出未来十年甚至二十年后具体要做的事情，所以远期目标就会相对模糊，但近期目标最好是清晰的，毕竟是当下要做的事情。从管理职能角度战略目标可以分为愿景使命、经营指标、管理指标等等，当然愿景使命目标相对模糊，只能描绘出企业发展的大方向，而经营指标以及支撑经营的管理指标就要具体明确，甚至要落到具体的数字上。

关于如何制定企业的战略转型目标，我认为需要先回答好四个问题：企业为什么要转型？朝什么方向转型？用什么方式完成企业的转型？如何具体推进企业的转型？第一方面先谈企业为什么要转型，如果说本身市场很好，竞争能力也很强，企业只要把现有的业务做好就行了，根本没必要转型，当然如果是发展需要，那么就要想清楚企业想要哪方面的提升。企业的转型不要受别人的影响，就像别人留个长头发，你也要留个长头发吗？关键在于你喜欢什么样的发型，这个发型适不适合你，这才是根本，不要为转型而转型。第二方面是朝什么方向转型，如果企业需要转型，那就考虑清楚朝什么方向转型，如何选择细分行业和业务。毫无疑问，企业不能选择市场在极度萎缩的细分行业或业务，应该选择社会生活升级带来越来越多市场机会的细分行业或业务，这非常重要。此外，企业也要根据自身的优略势分析进行合理的战略选择。第三方面是用什么方式完成转型，也就是企业从哪方面切入营销，到哪里寻找资源，需要选用什么模式，需要重点突破哪些方面，这些都要考虑清楚，就像是现在很多创业人都要做的 BP 商业计划书。转型就如同二次创业，也需要商业计划书，目的是在纸上把企业的转型之路模拟一遍，如果计划都谈不了兵，那么想要真做出来就更难了。第四方面是要推进企业的转型，就需要企业更具体地考虑计划在什么时间范围里做到什么程度，制定相应的阶段性目标，设定具体的推进步骤，准备用怎样的代价换取转型的成功等等。总之，企业的战略转型是要系统考虑，有逻辑性的实施，这无疑是一个漫长的过程，它对于任何企业来说都是相当困难的，企业在转型的初期就要做好充足的准备。

这些年，建筑业的数字化正处于稳步发展阶段，也在应用数字化技术的过程中看到了很多方面的价值，并且部分应用已经实现了价值落地。那么在您看来，数字化对建筑业是否有用？数字化在哪些方面能为行业带来改变？您是如何展望建筑业数字化发展的？

李福和：就整个社会而言，我们正在经历着飞速发展的数字化转型。比如数字出行，我从办公室回家的时候就会打开高德地图，系统就会自动告诉我回家需要35分钟，都不需要输入家里的地址。还有就是数字支付，现在我们出门基本上都不用现金了，微信、支付宝就可以很便捷地帮助我们完成所有支付行为。就建筑业而言，现阶段的数字化还处于转型的初始阶段。相比其他行业，建筑业更加强调经验，但如果能将数字化做好，那么未来整个行业对于经验的依赖程度就会大幅降低。建筑业的数字化转型需要从过去的经验主义中走出来，从现在从业人员的思维惯性中走出来，这样才能逐步获得成功。

当然，我认为建筑业的数字化转型从长远而言应该是看好的，这主要源于四个方面。第一方面是时代和国家发展的趋势，我们可以在很多地方切身地感受到数字化所带来的变化，就像前面说的数字出行、数字支付，以及正在大力发展的5G技术等等，同时国家的发展战略也在提数字中国，可见数字化转型已然是大势所趋。第二方面是一些优秀企业的榜样作用和效果已经逐渐显现出来。华为、阿里巴巴、腾讯这些优秀企业的数字化已经做得非常好了，建筑业中也有很多优秀的央企在数字化方面进行大规模的投入，虽然现在的成效还不能说非常好，但这些企业坚信数字化将会是企业发展的未来，当这部分企业逐渐产生更好的效果时就会形成榜样的力量，所谓“一花独放不是春，百花齐放春满园”。第三方面是数字化的成功案例正在增多，其效果也逐渐显现，像广联达大厦就是数字建筑很好的实践案例。为什么智能手机仿佛一夜之间就迎来了爆炸式的增长？其实就是大家感受到了它的价值。数字化转型成功的案例逐步增加，效果逐步显现，建筑业的数字化也将会迎来这种爆炸式的增长。第四方面是年轻一代人接受数字化的程度要明显强于老一代人，年轻一代从小接触的就是数字化的生活环境，所以很容易接受数字化带来的改变，建筑业的数字化还是要通过从业人员去运用、操控，新一代的从业人员更容易接受数字化的工作环境，也将更好地推动建筑业数字化转型的进程。

如果从长远来看，我认为距离数字化在建筑业的应用获得突破性的发展，乐观一些大概需要10年左右的时间，悲观一点估计还要20年。总体来说，数字化转型不仅仅是某一个企业的发展需求问题，而是整个时代对于建筑业发展的要求。所以要相信时代的发展脚步一定是向前的，而且节奏会越来越快，我们要有前瞻性，要站在未来看现在。因为相信，所以看见！

数字建筑，助力建筑业破困局，立新势

袁正刚

广联达科技股份有限公司总裁

近年来国家一直在倡导产业转型升级、推动高质量发展。在全行业大河奔流般的转型浪潮里，建筑业已经不能继续安于一隅。那么，为什么建筑业也亟待转型升级呢？这要从建筑业的整体环境说起。

高速增长转入高质量发展的关键时期，要求建筑业转型升级

（一）建筑业规模增速放缓

根据 2018 年中国建筑业数据分析，近些年建筑业总产值持续增长，2018 年达到 235085.53 亿元，比 2017 年增长 9.88%，但增速比 2017 年降低了 0.65 个百分点；2018 年，固定资产投资（不含农户，下同）635636 亿元，比上年增长 5.90%，在总量保持增长的情况下增速继续呈下滑态势，相比 2017 下滑 1.3 个百分点，自 2009 年

起，已经持续 9 年下滑。近 10 年来，建筑业产值利润率（利润总额与总产值之比）一直在 3.5% 上下徘徊。2018 年建筑业产值利润率为 3.45 %，比 2017 年降低了 0.05 个百分点，连续两年出现下滑。另外，2018 年建筑业企业签订合同总额、新签合同额总量保持增长，但增速双双放缓，全年全国建筑业企业签订合同总额 494409.05 亿元，比上年增长 12.49%，增速比上年下降 5.61 个百分点。其中，本年新签合同额 272854.07 亿元，比上年增长了 7.14%，增速比上年下降 13.27 个百分点。本年新签合同额占签订合同总额比例为 55.19%，比上年降低了 2.75 个百分点。

改革开放以来的四十年间，中国建筑业从 20 世纪 90 年代起，工程建设提速；2000 ~ 2011 年，建筑业规模高速增长，平均年增长率 20% 以上；2011 ~ 2014 年，建筑业规模中速增长，保持年平均增长率 10%；2015 年至今，建筑业规模增速放缓，维持年平均增长率 5%，并在 2016 ~ 2018 年，连续三年增速低于国内生产总值增速。种种数据表明建筑业目前处在高速增长转入高质量发展的关键转折期，亟待转型升级。

（二）建筑施工用工难

从世界范围来看，全球进入老龄化社会，建筑业职工老龄化的现象甚为明显。即便如美国这样整体劳动力老龄化速度较慢的国家，建筑行业的老龄化形势依然严峻。在中国，十几年前工地上的主要劳动力到今天已经老去，每个工地都需要更多年轻工人加入。但随着经济蓬勃的发展，愿意去工地的年轻人越来越少。据统计，2019 年，对 250 万农民工数据进行统计，年龄集中在 41~56 岁，30 岁左右群体数量严重不足。在老龄化之外，还有一个问题是导致用工难的重要原因：转折期对建造水平要求提高，对建筑工人的素质要求也相应提高了，但高技术水平的工人难找，能够掌握新工艺、工法与技术的工人更难找。

（三）工程质量要求逐渐提高

工程质量要求的提高一方面是在政策上重视。住房和城乡建设部督促建筑业的深化改革，在规范建筑市场秩序，提升工程质量安全和建筑节能水平等方面增强监督和检查。另一方面是甲方需求提高。随着生活水平的提升，人们对住宅办公等场所的环境要求也有了巨大的变化。工程质量需要同步跟进，优化原有的建筑设计和施工工艺以满足需求。

企业生存难度增大，要求建筑业转型升级

在行业整体转型阶段，企业生存存在一定压力。统计局数据显示 2018 年国内生产总值 900309 亿元，全国建筑业增加值 61808 亿元，占 GDP 总量的 6.87%。其中企业形势好、净利润高的都集中在央企和地方龙头企业。

2018 年的住房和城乡建设部数据显示，全国共有 6782 个特级、一级资质建筑业企业，占全部资质以上建筑业企业总额的 7.11%（2018 年资质以上建筑业企业总数 95400 个），但其新签工程承包合同额占比高达 70.33%、房屋建筑施工面积占比达 64.74%、房屋建筑竣工面积占比达 55.67%、利润总额占比高达 85.66%。由此可见，国内建筑业市场的分配极不平衡，7% 的企业拿走了 70% 的市场，承接了 60% 的项目，赚取了 85% 的利润。

在经济下行的巨大压力下，国内建筑业企业也都纷纷在企业的组织方式、生产方式和信息技术上寻求转型，筹划突破。其中，优势企业通过企业组织管理优化、生产技术升级（包括数字技术、新型建造方式等）、拓展多方面多渠道经营来不断强化自身优势壁垒；劣势企业也需要通过改善管理和生产流程来寻求突破。

建筑企业转型升级靠什么途径实现

那么，问题来了。企业寻求转型要靠什么途径实现？无论优势企业还是发展差一点的企业面对转型问题，无非就是从两个层面进行，一是在企业管理层面（管理层面），二是在项目施工层面（生产层面）。企业管理层面可以通过优化组织结构、完善流程设置等入手，项目生产层面可以通过引进新工艺技术、优化施工组织安排等入手。途径找到了，下一个问题就是手段方法。

提到手段方法，则不得不提信息化变革。如今全球信息化革命进入下半场，在国内推动数字化建设已成大势所趋。数字技术在国内开启了蓬勃发展的新阶段。以数字技术为基础的新零售、新金融、共享经济等等带来了全新的行业模式。身处数字时代，全产业都在进行数字经济的落地。数字技术成为行业发展最有力的工具，建筑业同样适用。

建筑施工企业依靠新的信息技术寻求转型，就必须要去积极全面地了解并运用信息技术。集合 BIM 技术、大数据、IOT 技术、云计算、人工智能等数字技术，构建建筑施工企业数字化的作业、系统的管理和智能的决策。

建筑业数字化面临三大困局

与全社会数字经济的蓬勃发展相比，建筑业信息化的步伐远落后于其他产业，究其原因，主要归结于如下三大问题，那就是 ERP 系统的不足、信息孤岛和数字化与业务两张皮。

（一）ERP 系统不能满足建筑业数字化需求

首先，是 ERP 系统的问题。在早期的建筑业行业，信息技术是一直被误解的，行业里更多的人把它当作管理工具的辅助，在企业内部引进一个 ERP 管理系统就可以称为实现信息化转型。但传统的 ERP 更适合财务管理和人力管理，对于建筑企业等项目组织灵活多变的情况不太适用。相比制造业与医疗领域，信息化技术俨然已经成为替代人工作业的更加高效、更加准确的管理、生产工具，可以直接推动生产力发展。建筑施工企业转型，仅靠信息技术打辅助肯定不行，靠数字技术打主攻才是正道。

（二）信息孤岛阻碍统一规划

其次，是信息孤岛的问题。由于缺乏统一的规划，信息化、BIM、智慧工地等各自为政；对数据不够重视，数据不通，系统就不通；短期、短视、不愿意投入等问题是建筑企业内形成信息孤岛的三类主要原因。

（三）数字化与业务两张皮

最后，是数字化与业务“两张皮”的问题。这主要表现为信息化、数字化以技术为目的，并没有与业务结合，业务部门参与度弱，决策层不重视也不关注，只在技术部分去推动，很难真正推动数字化与实际业务的融合。

“数字化思维”开辟新局面

（一）大数据带来的认知变革

在三大困局下，亟需一个创新的思路打破僵局，开辟崭新局面。随着当下数据的飞速发展，数据的维度和复杂度不断增加，因此需要拥抱“数字化思维”，以数据为中心、以战略为起点，并保持精益思想。传统思维以流程为中心，关注的是流程节点，需要层层项目填报，耗时费力又繁琐；以数据为中心，就可以完全摒弃冗繁的流程，通过在线系统即可轻松掌握项目体量、人员、材料、机械、设备实时状态等所有数据，信息高效可靠、数据清晰透明。以战略为起点，指的是以精细化、数字化的方式去解决企业的管理问题，而非盲目地为了数字化而数字化。精益思想，是说在数字化时代，唯一不变的就是变化本身，不可能再用 3 ～ 5 年时间去部署一个 IT 系统，所以需要快速迭代、小步快跑式地推进，而不是求全求大，一步到位。总之，建筑业企业转型，除了要实现信息技术“垫脚石”的作用外，必须实现它的“投石”的作用。

（二）“数字建筑”助力行业转型升级

在这种认知变革的背景下，广联达于 2018 年初正式对外发布《数字建筑白皮书》，提出数字建筑新理念。所谓数字建筑，是指利用 BIM 和云计算、大数据、物联网、移动互联网、人工智能等信息技术引领产业转型升级的行业战略。它结合先进的精益建造理论方法，集成人员、流程、数据、技术和业务系统，实现建筑的全过程、全要素、全参与方的数字化、在线化、智能化，构建项目、企业和产业的平台生态新体系，从而推动以新设计、新建造、 新运维为代表的产业升级，实现让每一个工程项目成功的产业目标。

在 2019 年，广联达对这一理论又进行了创新升级，即“传统产业 +（三全 · 三化）= 新生产力”。对于传统产业，从全要素（空间）、全过程（时间）、全参与方（人）三个层次进行数字化、在线化、智能化的改造，促使传统产业脱胎换骨拥有新的生产要素、新的生产手段和新的生产模式，从而形成数字时代的全新生产力，成就数字时代产业发展新范式。

实践告诉我们“数字建筑”能解决什么

那么数字建筑该如何落地，建筑的数字化思维意味着什么？数字建筑的实践给出了答案。

“数字建筑”让产业各方实现了数据互联互通，产生积极的应用成果，具体来看分为 4 个维度，分别为人员数字化、物资数字化、安全数字化、进度数字化。

首先是人员数字化，以施工单位无感考勤为例，嵌入芯片的智能安全帽的使用，让施工单位不仅能实现智能考勤管理，掌握工人出勤情况，更能通过定位功能，获取工人作业、移动、停留的数据，形成区域轨迹，关联施工工序形成更加准确的工效分析。当工人进入危险区域时，也会触发语音警告，确保安全施工。

其次是物资数字化，以工地最常见的物资——钢筋为例。钢筋进入施工现场后，传统方式是人力手工清点，耗时费力又低效，还容易出错。现在，通过人工智能技术，直接用手机拍照就能快速得出钢筋数量；目前通过对现场图片的大量学习，准确率已经达到 99% 以上，远远高于人工的识别率。

再次是安全数字化。安全施工、安全生产一直是建筑产业最关注的问题。再以智能安全帽为例，除了危险区域触发警告外，现在通过智能安全帽能够进行人员的姿态识别，并判断是否发生异常，随时对施工现场的安全行为进行监测。

最后是进度数字化，通过在线系统实现综合的数字化生产管理，形成项目总控室。目前众多施工企业已在应用。

此外，产业大数据的创新应用，对于行业管理部门也很有价值。行业数字监管平台可以有效纳入各方责任主体，消除信息孤岛；同时，打破生产各责任主体的信息壁垒，推进行业自律发展；此外，规范监管流程，实现建设工程安全监管的业务管理信息化。

在建筑施工企业进行数字化转型之前，应该明确一个问题：数字化转型是一个长期建设的过程，不可能一蹴而就，但这并不代表过程完全“黑盒”，要以价值为出发点，快速取得回报。数字化转型应首先明确方向，无论是从利润率出发也好，还是从质量安全出发，数字化的方向设计都要基于企业战略出发点。其次是阶段性的推进，在数字化刚刚开始时，所有项目同时进行并不现实，此时要试点先行，树立样板项目，再从样板项目总结经验，强力推广。第三是自上而下的设计。在规划产品架构、技术架构和数据架构时，要从总体出发，避免数据孤岛的出现。最后是自下而上的实施。施工企业最核心的是一个一个的项目，项目的数据是企业最核心的数据。解决项目的数字化，保证数据是丰富的、真实的，是企业数字化转型的关键，只有当所有的项目都数字化了，企业才有可能实现数字化。

在当今数字技术的加持下，建筑行业变革的速度会加快。在未来 5 ~ 10 年，相信建筑产业将会开辟出崭新局面。

我们的建设行业信息化发展规划与探索

杨玮

中建三局绿色产业投资有限公司总工程师兼设计研究院院长

作为一个从施工单位孵化出来的绿色产业全产业链企业，我们按照EPC的模式发展，向上游拓展到投资、城市规划、生态规划、产业规划等领域，向下游延伸到区域运营、产业运营、物业运营等领域。我们按照这个维度搭建全产业链的过程中，对建筑行业的认知也发生了变化，探索信息化规划方面也有一些积累，借此向大家分享一下。

对信息化的认知：强化隐性信息的显性化、点状信息的体系化，企业推动信息化困难重重但效果不是很好

信息化作为建筑企业转型升级与优化管理的有效手段，经过几十年的发展，从最初的无纸化办公到后来各个专业信息化软件，再到现在的BIM，经历了好多层次的发展。现在面对大数据、物联网迅猛发展，我们应该从三个方面去重新思考。

第一，从信息化的本质来讲，我们需要强化隐形信息的显性化。建筑业是一个非常复杂的系统，我们每天面对非常多的信息，但是有很多我们看到的信息并不是真实的信息。比如我们的工期，三天一层和四天一层是我们项目计划管理当中的一个基础信息单元，但实际上是三天一层合适还是四天一层合适，它背后还有工程复杂度、形状、工艺、部位等具体情况，这些具体情况都跟信息化应用和信息创造价值是息息相关的。不同的企业做不同的项目，四天一层和五天一层付出的代价是不一样的，但是它们的价值却是一样的，这主要是因为有大量的隐形信息没有形成，也没有在我们的信息化应用构架里提炼出来，这个隐性信息是我们建筑业推广信息化最重要的核心。很多隐性信息被挖掘出来以后才会将众多信息化应用的点与项目的整个价值直接绑定在一起。

第二，点状信息的体系化。我们现在施工行业中各个点都在谈信息化建设，包括施工过程中的安全、质量、进度等各个环节，以及设计过程中的各个专业、各个功能实现等等很多点都要做信息化。但是这些点之间是什么样的关系，尤其是这些关系会直接影响到我们整个项目的实施效果，甚至这些关系将怎样影响成本、工期，实际上我们现有的很多信息化体系的逻辑性是体现不出这些关系的。能体现各个信息化点之间关系的信息体系建设也是我们下一步要推进信息化发展的一个核心。

第三，企业信息的商业化。我们推信息化的目的是促进企业发展，而企业生存发展的本质是赚钱，企业制定未来五年、十年战略布局，归根结底还是要赚钱，所以，所有企业信息的挖掘一定要围绕“信息是否能够创造价值”。能否创造价值就要结合是否能够提升企业的管理，同时也要考虑这个管理的提升是不是能够跟企业的商业模式和管理模式紧密地融合，成为真金白银直接变现的条件。

第四，企业应用层面。信息化从业人员在推动信息化过程中遇到很多问题，但同时，企业对信息化效果也不是很满意。具体抓信息化的从业人员认为信息化很重要，但是在推动的过程中总会遇到这样那样的很多问题；整个企业层面也觉得信息化很重要，但是感觉到还有很多想要还没有达到的目的。

目前建筑业信息化存在如下问题

以上是我们从一个施工单位拓展成为一个全产业公司的过程中，对信息化认知的总结，在这些总结的基础上，我们发现目前建筑业信息化存在诸多问题：

第一，满足管理需求的信息颗粒度太粗。刚才工期的例子，也是属于信息颗粒度太粗，目前我们的信息化管理需求仅限于排计划的时候，知道四天一层或三天一层，实际上我们更深层次的管理需求，是要知道四天一层比三天一层可能节省10%的成本，这个需求没有被挖掘出来。究其原因，一方面是因为管理本身比较粗，另一方面是支撑管理的信息颗粒度不够细。像这种颗粒度的例子有很多，比如我们在设计过程中的指标控制、钢筋含量，这些指标对整个结构配置和体系选择的各个环节都会产生影响，这些实际上都需要在管理需求颗粒度上做细。

第二，信息的边界条件和应用场景不明确。以钢筋含量为例，30公斤的钢筋含量，到底对应的是两室一厅、三室一厅，北方的户型、南方的户型，是高抗震区、低抗震区，它实际上是有很多区别的，哪怕是同一地区同一类型的项目，不同的高度都是不一样的。

第三，信息覆盖不足，很多环节信息缺失。城市规划涉及商业和整个区域里面人员的知识结构、社会结构等方面，整个信息面是非常广的，而现在已有的信息化点和开始关注到的信息化点，离全过程的需求还差得很远，我们需要持续地去完善。另一个是企业以管理动作为主，而很少关注管理内涵。很多企业之前在推进信息化的过程中，实际上也走过这个阶段，大家经常把管理动作的流程信息化当成了信息化的主基调，合同现场要评审，评审完了之后才能签合同，签完合同才能去结算，做了结算才能报计划，报完计划才能孵化，等等这一系列动作，大家将流程进行规范化。但是内涵方面，比如签的合同合理吗？合同里面的条款文本是什么情况？里面的一些责任条款、权利条款包括一些风险条款，跟实际结算过程中的一些具体管理工作是个什么样的关系？这一块在信息化建设过程中目前还没有做太多的深入。

第四，信息逻辑性不强导致平台型信息化应用不深。平台型的信息在日程管理过程中有很多不是一对一的，我们需要从不同的业务线、从不同的相关方面提取信息，再进行加工，加工完成了以后会形成很多新的信息反馈，来支撑下一步的管理决策。只要存在两个以上业务线，就存在信息技术的问题，只要能支撑这个管理动作，我们就可以把它定义成平台型的信息化应用。平台化的应用有一个前提条件，我们得知道每一个管理动作需要哪些相关方的哪些信息，这些信息过来要进行什么样的逻辑运算，然后使用者再得出一个什么样反馈，这个逻辑通道、逻辑关系在我们整个管理过程中在很多点上面也不太清晰。

对未来信息化发展工作的部署

面对这些问题，我认为未来信息化的发展应分以下几步走：

第一，要武装强化认知层面。在我们整个公司的所有管理机构里面，大家一直在强调先有信息后有化，没有信息的信息化实际上是没有生命力的，只有我们的信息解决了前面那些点的问题，信息和管理动作之间的关系清楚了，才能真正知道哪些信息在现阶段可以直接创造价值，这一部分信息化的投资和未来的开发直接关系到管理的提升，这样才能形成一个企业健康的、信息化持续滚动提升的机制。

所以在这种条件下面对“先有信息后有化”的认知，我们可以从以下三个方面做起：首先是开始搭建数据框，既然我们是全产业链公司，全产业链公司对于信息逻辑和信息框架的需求比单专业公司的需求要高得多，比如在投资立项的时候，我们对全周期信息逻辑关系的需求就更突出，核心要实现真正的数据化，就是搭建把所有信息涵盖在一起的数据框，数据框本身就是分层次、分维度，到现阶段我们还没有能力搭建一个完整的宏观的数据框，将所有的相关方、所有的相关点都能够涵盖在一起，在框架这个层面我们也可以一个点一个点去突破。其次是挖掘非信息规律，对现有的信息梳理完以后，我们需要进行二次加工，即对信息的规律、信息的边界、信息的标准要进行治理。在这种标准和条件下有效地去填充我们已经搭好的数据框，这样才能保证整个数据来源，或者在框架里面的数据能够得到真实有效的应用。最后是完善信息网络建设，数据框的概念实际上是搭建整个数据的逻辑关系，但是数据逻辑关系如何落地？它并不仅仅是知道这个钢筋含量的指标跟后期的成本关系，或者跟前期设计的关系，只知道这个关系没有用，这个关系要想在信息化里面落实，它需要细化到具体的管理动作，这些动作就需要有一个完善的信息网络。信息是从哪一步的哪一个动作哪一个成果里面产生的？要流到什么地方去？它是如何流到那个地方去的？整个网络建设这三块应该说是我们整个信息化建设的一个基本思路。

第二，要快速拓展末端点状应用，增加数据采集覆盖率。目前在很多行业交流里面，结合大家的智慧总结出无数的点，已经开始展开信息化，但是这些点仍然不够，根据全产业链的需求，这些点可能连总数据需求的10%都不到，当然这只是我个人的感受，没有行业的数据来支撑。基于此，我认为比较好的持续性的活动是降本增效大赛，我们每个月都会组织一次降本增效大赛，每次大赛里面我们都会大概梳理出30～50个点，这30～50个点或者是提升传统的功效，或者能降低成本，当然这些点不仅仅涉及技术，有很多是关于商业模式的。

正向来说，我们每个月都在持续产生30～50个新的创意，来提升整个管理效率。

但是从反向来讲，我们目前还有大量的没有挖掘出来的点，如果我们持续搞十年降本增效大赛，平均每月产生 50 个点，十年将积累大量的点，并且这些点还将持续地拓展提升，这样就增加了点状的覆盖面，这对所有从业人员及企业来讲都是没有风险的，只要认准了这些点能够产生真真正正的效益，能够降低成本，或者能够提升效率，可以不去关注数据的格式、应用的方式，甚至没有软件，就用 Excel 表格功能也能实现很多信息化的应用，核心是有信息进一步识别末端点应用层面的需求。

识别完需求，着手拓展末端点状应用，增加数据采集覆盖面。识别完需求以后，敢于下决心在很多点上真正将信息应用于我们日常管理当中去，再一个就是补充完善信息的复杂度，慢慢去拓展各个点状应用的覆盖面。然后追溯点状应用信息源，建设信息应用场景，即关注信息的来源、边界和应用场景条件，解决信息管理和业务两张皮的问题。

第三，围绕三线并行的概念，从多个层级来推动整个信息平台的建设。例如设计环节中的点状的各种应用，户型产品的开发涉及日照的分析、人流峰流的模拟分析等。然后到了第二个层级，现在行业里大家比较倡导的 BIM 系统的应用，我们在各个专业之间、在不同的空间部位以及它们的相对关系这个基础上去细化。原先可能是针对整个建筑的大的模型建筑，但当我们把一个建筑当做信息的时候，我们可以把一部分建筑物的主要模块摘出来，只有针对到具体的部位，很多数据、信息的可复制性才能找出来。最后到了第三级，即设计跟成本的关系。第三个层级需要进行业务交付的信息平台，到第三个层级大家可以关注到设计、施工、加工三条线，当然每个层级里面可以再细分一两个层级。比如加工，在末端环节要关注工位，总共有多少个工位，每个工位里面有多少工序，工位上面支模板、绑钢筋、打混凝土，要细化到分钟，这在传统建筑业里面，工期是不可能管理到这种程度的，但在现在的工厂里充分利用信息化手段是可以实现的。

第二章

施 工 企 业 如 何 践 行 数 字 建 筑

数字建筑能驱动建筑产业转型升级。数字建筑是指利用BIM和云计算、大数据、物联网、移动互联网、人工智能等信息技术引领产业转型升级的行业战略。它结合先进的精益建造理论方法，集成人员、流程、数据、技术和业务系统，实现建筑的全过程、全要素、全参与方的数字化、在线化、智能化，构建项目、企业和产业的平台生态新体系，推动以新设计、新建造、新运维为代表的产业转型升级，使其提升到工业级精细化的水平，实现让每一个工程项目成功的产业目标。数字建筑将多层级地促进建筑产业效率提升，无论是岗位作业层、项目管理层还是企业及政府监管层面，都将带来全新改变，最终实现整个建筑产业的数字化转型。

第一节　结合企业转型实际情况，行业大咖给出的建议

数字化给建筑业带来了革命性的变化，施工企业应该在结构体制、系统方面采取相应的措施，顺应建筑业数字化变革。数字化对建筑业最大的影响是，数字化从底层上改变了建筑业的交流形式和知识传播方法，使古老的建筑业告别传统的信息传递方式，实现即时性交流与长久性存储以及多元化交互，这是一种革命性的变化。而面对刚刚开始的数字化变革，建筑施工企业最大的挑战是如何顺应数字时代的到来，然后在结构体制、体系方面采取相应的措施，比如在建筑项目中积极采用数字化工具，调整组织架构和交流模式，集中加强人才培养，以实现数字化最大的价值，即提高交流效率、降低交流成本，从而降低建造成本、减少返工等。

数字化转型对施工企业具有重要的战略意义。数字化打通了建筑施工产业链的各个业务链条，在前端产业业务与传统概念上的施工企业业务，以及后期的运营服务业务上实现了数据打通，因此，数字化转型对施工企业具有重要的战略意义，施工企业应该将数字化转型上升到公司战略层面，建议施工企业从战略层面搭建数字化框架，再在这个框架之下搭建各个信息化系统，最后打通各系统的数据。

建筑业在数字化的助力下，未来将走向高度智慧建造。将德国“工业 4.0”和“中国制造 2025”的发展趋势引入工程建设行业，在数字化转型的浪潮下，我国建筑企业必然走向高度智慧建造。充分利用数字技术，搭建智能化系统，智慧建造将带来少人、经济、安全和优质的建造过程，同时高度智慧建造则代表在智慧建造的深度、广度和集成度上达到相当高的水平，从而整个建造过程的智能化达到很高程度。

走向高度智慧建造

马智亮

清华大学土木工程系教授

2013 年，在汉诺威工业博览会上，德国联邦教研部和联邦经济部提出“工业 4.0”的概念。它描绘了制造业未来的前景：人们将迎来以信息物理融合系统为基础，以生产高度数字化、网络化、机器自组织为标志的第四次工业革命。其中的“机器自组织”，代表机器不仅拥有智能，还能够沟通和协调，意味着可以做到无人制造。借鉴德国“工业 4.0”，我国于 2014 年提出了“中国制造 2025”的行动纲领，其中提出“创新驱动、质量为先、绿色发展、结构优化、人才为本”的基本方针，也明确了“到 2035 年中国制造业整体达到世界制造强国阵营中等水平”的目标，这针对的也是制造业。我们所在的工程建设行业怎么办？我的看法是走向高度智慧建造。

高度智慧建造的基础是智慧建造。在互联网上搜索一下，可以知道智慧建造已经不是一个新概念。若干学者 2018 年以来开始阐述智慧建造；关于智慧建造的组织也已有一些，包括一些地方协会成立的分会，全国性协会下属的专业委员会等；关于智慧建造的会议更多一些，从 2017 年开始出现；而关于智慧建造的著作也已有出现，但数量不多，虽然实践性很强，但学术性并不系统。在“工业 4.0”的故乡，德国有的大企业也提出了智慧建筑的概念。但是，目前在我国，关于智慧建造，在行业中仍然存在模糊的认识。有鉴于此，笔者在此对针对智慧建造，重点就几个关键问题进行分析和总结，以飨读者。

智慧建造的概念及其主要特征

为了更好地理解智慧建造，有必要首先辨析一下“智慧”一词。“智慧”，可以理解为生物基于神经器官所具有的一种高级的综合能力，包含感知、知识、记忆、理解、联想、情感、逻辑、辨别、计算、分析、判断、文化、中庸、包容、决定等多种能力。人是有智慧的，智慧让人拥有理解、思考、分析、探求真理的能力。

智能技术及其相关技术可以让机器也拥有智慧。笔者曾看到一篇文章，说京东研制出送货机器人，将取代快递小哥。送货机器人可以自己上路，根据路况变道，躲开障碍物，自主规划路线，将货物送到指定的地址，和快递小哥没有什么两样；可以做到无人送货，称得上智慧快递。智慧快递是综合应用智能技术及其相关技术的产物。但是，相比之下，智慧建造要复杂得多。

智慧建造是智慧城市、智能建筑的延伸。即，“智慧”“智能”延伸到工程项目的建造过程中，就产生了智慧建造的概念。智慧建造意味着在建造过程中充分利用智能技术及其相关技术，通过建立和应用智能化系统，提高建造过程的智能化水平，减少对人的依赖，实现安全建造，并实现性能价格比更好、质量更优的建筑。

换句话说，智慧建造的目的，即提高建造过程智能化水平，减少对人的依赖，实现更好的建造。这意味着智慧建造将带来少人、经济、安全及优质的建造过程。智慧建造的手段，即充分利用智能技术及其相关技术；而智慧建造的表现形式，即应用智能化系统。这里提到“少人”，是基于工程建设行业和制造业的不同，由于工程建设行业的复杂性，很难做到无人建造。

智慧建造同样以智能技术及其相关技术的综合应用为前提。其中，涉及感知，包括物联网、定位等技术；涉及传输，包括互联网、云计算等技术；涉及计算，包括移动终端、触摸终端等技术；涉及记忆，包括BIM、GIS等技术；涉及分析，包括大数据、人工智能等技术；此外，还包括三维激光扫描、三维打印、机器人等技术。通过应用这些技术，智能化系统将具有如下特征：灵敏感知、高速传输、精准识别、快速分析、优化决策、自动控制、替代作业。

值得一提的是，智慧建造和我们常说的企业信息化、数字化、智能化之间的关系，以及和高度智慧建造之间的关系。企业信息化主要是实现工作的自动化，数字化使在工作之间共享数据成为可能，而智能化使利用数据进行智能化决策成为可能。在建造过程中，如果达到智能化水平，可以称为实现了智慧制造。值得注意的是，智慧建造有程度之分，如1.0、2.0、3.0、4.0，而高度智慧建造则代表在智慧建造的深度、广度和集成度上达到相当高的水平，从而整个建造过程的智能化达到很高程度。另外，需要说明的是，在建造过程中使用的智能化系统分为两大类，即管理系统和技术系统。前者的例子如，ERP系统、项目综合管理系统；后者的例子如，BIM平台软件、BIM工具软件等。

智慧建造的典型应用场景

智慧建造的典型应用场景可以分为四个方面：智慧组织、智慧设计、智慧制造和智慧施工。

智慧组织是针对建筑企业而言的，包括设计企业和施工企业。要成为智慧组织，意味着应实现以下主要目标：企业能把握正确的发展方向；能实现资源优化配置；能使风险得到有效管控。典型的应用场景如：利用大数据确定企业的发展方向；智能化企业资源优化配置；智能化企业风险预警。这里举一个利用大数据确定企业发展方向的例子。福建省工业设备公司是我国首个实施并应用了国外著名品牌的 ERP 系统的施工企业。在应用 ERP 系统的过程中，该公司积累了大量项目数据。该公司利用该数据进行分析，判断究竟承接大项目挣钱多，还是接小项目挣钱多。表面上小项目的利润率高，但实际上因为转场频繁且费用高，所以实际挣钱并不能与大项目相比。于是，该公司决定，把业务重点放在承接大项目上。

智慧设计是针对设计阶段而言的。成为智慧设计，意味着实现以下主要目标：实现创新设计、优化设计和高效设计。典型的应用场景如：基于 BIM 的可视化设计；基于 BIM 的全生命期性能化设计；进行正向 BIM 设计，自动生成图纸。这里举“基于 BIM 的可视化设计”作为例子进行说明。过去，设计单位往往把设计方案用平面图和立面图表示出来，或者至多画上一两张效果图，就与建设单位讨论，征询建设单位的意见。由于建设单位识图能力有限，碰上复杂的设计，往往不能理解设计方案，因此或者提不出什么意见，或者花很大的力气才能确定设计方案。对应于前者，在施工过程中，当建设单位发现建起来的不是他们想要的东西时，他们就会提出设计变更要求。如果设计单位采用 BIM 技术进行方案设计，并将设计方案直观地展示给建设单位，就能避免这种问题，而且这样做并不需要耗费太大的精力和成本。

类似地，智慧制造是针对制造阶段而言的。目前主要体现在钢结构建筑、装配式混凝土建筑等的工程建造中。成为智慧制造意味着：实现优化制造、高质量制造和高效制造。典型应用场景如：基于“互联网 +”的构件生产优化管理；基于数字图像技术的钢筋骨架质量管理；自动化和机器人技术应用。这里以“基于‘互联网 +’的构件生产优化管理”为例，简要介绍笔者研究室开展的一项研究工作。因为目前没有合适的这方面的智能化系统，解决这个问题需要研究开发相应的智能化系统。作为国家 863 计划项目的一部分，我们已经完成了系统的研究和开发，并进行了试用。

我们的系统基于因特网，即软件安装在服务器上，预制构件厂的管理人员和工人通过互联网使用该系统为他们分别提供的功能。例如，系统为工人提供了在工作站的计算机上显示分派任务及查询信息的功能；为调度员提供了输入订单信息并进行优化排程和调整排程的功能；为质量管理人员提供了显示检查表格、录入数据并提交数据的功能；类似地，也为车间主任、库管员、配送人员等分别提供了其所需的功能。该系统的特征是，综合利用智能技术及其相关技术，包括BIM、移动终端、物联网（RFID）、智能化等技术，支持预制构件工厂规模化、自动化、柔性生产及优化管理，特别是支持作业计划的优化制定、作业计划的优化调整以及物料优化重调配规划的生成等，在支持优化管理方面，使作业计划的制定和调整可以保证考虑多目标的优化，其效果不依赖于用户的经验。

最后我们来看智慧施工，其针对的是施工阶段。成为智慧施工意味着：实现高质量施工、安全施工以及高效施工。典型应用场景如：基于BIM的虚拟施工；基于BIM和室内定位技术的质量管理；基于"互联网+"的工地管理。这里以"基于BIM的建筑工程施工质量管理"为例，简要介绍我们的研究室开展的一项研究工作。在施工项目中，传统施工质量管理方法是依据规范，相关方逐个工序进行验收，在验收中需要形成文档，由各方签字确认。目前施工质量管理中存在的问题包括：有关方需要在现场手工填写纸质表格，回到办公室后汇总、转录到计算机中输出，再由相关各方在表格中签字确认，工作效率低；因为检查条目繁多，而管理人员专业水准参差不齐，易引起验收工作中的遗漏和疏忽；由此导致的弄虚作假时有发生，易造成施工质量失控。虽然目前BIM技术应用在施工质量管理中，但一般都是由管理人员在现场先检查，发现问题后，在移动终端上利用相应的商业系统，打开BIM模型，找到对应的部位，检查附件信息，提醒相关方进行整改；整改后，相关方录入回应信息。这样的方法尽管比传统的方法直观一些，但不能支持对上述问题的解决。

为此，我们提出以下思路：依据标准和规范在 BIM 模型上生成验收计划，结合移动终端、定位等技术，支持提前在计算机上生成计划，在现场用移动终端查看检查点，录入检查数据，并自动生成检查资料。其中，定位功能的作用是，在打开 BIM 模型时，能帮助我们迅速找到实际检查的部位在 BIM 模型上的对应位置，并将检查数据录入到系统中，同时上传到服务器中。我们也研究开发了相应的智能化系统。该系统基于互联网，能支持包括施工方、监理方以及建设方等多方在系统上协同工作进行施工质量管理。我们对该系统在实际工程中进行了试用，取得了预期效果。

企业高效地走向高度智慧建造要点

面向智慧建造，企业该如何高效地走向高度智慧建造？

首先应该明确高度智慧建造相对于智慧建造的含义。应该说它是智慧建造的高级阶段，其中的“高度”代表智能化系统的深度、集成度以及应用广度具有较高的水平，而且应该强调高度智慧建造以经济上可行为前提，不搞花架子。智能化系统的深度意味着在系统开发中应用智能技术及其相关技术的深入程度。应用上述例子，目前支持质量检查的、基于 BIM 的商业系统比我们开发的智能化系统在深度上有欠缺，因为它的功能提供相对不够深入，不能用于解决现存的主要问题。智能化系统的集成度反映各类系统实现集成的比例大小。值得说明的是，系统集成方式可以分为两种：基于应用的集成和基于数据的集成。其中，前者对应于多个应用软件的一体化，例如，把一个客户关系管理系统集成到企业信息化管理系统中；而后者对应于，通过中性数据文件，在多个应用软件之间进行数据共享，例如，通过 IFC 格式的数据文件在多个应用软件之间共享 BIM 模型的数据。集成度不论集成方式，只关注实现集成的软件数站总数的比例大小。智能化系统应用的广度对应于智能化系统在企业中应用的范围大小，可以用主营业务的覆盖程度、在所有项目中的普及程度、在项目各阶段的普及程度以及在项目各参与方之间的普及程度等参数来表示。

关于企业如何高效地走向高度智慧建造，笔者认为有必要重视以下几点：不断学习新技术、新系统，重视新技术、新系统的研究开发，抓住应用新技术的机会，持续改进和集成已有系统。其中，第一点对应于学习，其他三项分别对应于深度、广度和集成度。

对于学习，由于新技术、新系统层出不穷，应该敢于并善于学习。作为应用单位，建筑企业可以请软件公司上门介绍，也可以试用软件。相关人员应该养成对新技术的敏感。

对于新技术、新系统的研究开发，如果建筑企业满足于应用厂商开发的系统，则由于门槛太低，不能体现差别化，所以应主动地去开发一些新技术、新系统，形成企业的核心竞争力，确立企业在行业中的领导地位。虽然是建筑业企业，但也应该努力成为高科技企业。中建钢构在过去的几年，投入近 2 亿元，成功研究开发了钢结构智能建造系统，达到很高水平，并已经投入试用，是这方面的一个很好的例子。

对于抓住应用新技术的机会，由于重点、大型复杂工程不仅能更好地检验新技术，而且宣传效果好，建筑企业即使需要付出代价，也应主动出击，开展新技术的应用。应该做新技术应用的首个尝试者，还应该有意识地扩大应用范围，例如将新技术应用到更多的项目中。最近几年，北京城建承建了一系列重点工程，并应用了相关新技术，取得了很好的效果，值得学习。

对于持续改进和集成已有系统，应该意识到，已有的智能化系统是财富，但需要随着新的系统平台的出现而持续改进。持续改进的系统一定会胜过从零出发新开发的同类系统，因为在其中已经积累了流程、分析处理算法等经验。另外，应该重视已有系统的集成，实现系统的一体化或数据共享，铲除信息孤岛。在此过程中，需要企业标准及行业标准的支持。但是，建筑企业不能等，应该敢为人先，开创相关标准，实现提高智能化系统集成度的目的。

结语

智慧建造是近几年提出来的概念，在一些项目中已有成功实践。面向德国“工业 4.0”和“中国制造 2025”，我国工程建设行业的建筑企业必然走向高度智慧建造。我们应该抓住机遇，争取让工程建设行业在时代大潮中与其他行业一道，接受洗礼，迎接挑战。

注：本文发表于《施工技术》杂志 2019 年 6 月刊。

建筑业数字化转型问题的探讨

庞学雷

光明食品集团上海置地有限公司副总工程师

近年来，建筑行业掀起了一场数字化浪潮，光明食品集团上海置地有限公司作为建筑行业数字化转型的实践者，在行业内开展了一系列数字化建设管理的探索与总结，从业主的角度，对建设行业的数字化应用有着较深刻的认识。对此，广联达《新建造》编辑部记者特别采访了光明食品集团上海置地有限公司副总工程师、教授级高级工程师庞学雷，与庞总一起探讨数字化对建设行业的变革。

数字时代到来，作为建筑企业的管理者，您怎么看待数字化对施工行业的影响？您认为这种影响在当下最大的挑战是什么？作为施工企业应该如何应对？

庞学雷：我认为数字化对建筑行业最大的影响是，数字化变革了建筑业过去传统的组织方法和交流模式。建筑行业涉及的专业和学科越来越多，要管理这么一个复杂的项目系统，对设计、施工、监理、业主都提出了更高的要求。建筑业这个古老而特殊的行业，一个世纪以来，其效率没有很大提高，反而出现一定下降。主要有两个原因，第一，建筑产品分布在地球的不同经纬度上，是独特唯一的产品，需要相关的人、组织、材料、设备、信息在这样独一无二的地点进行汇集、加工、生产、安装，需要多个不同的企业与团队组织去实现集成，而这些整体上离散状态的团队的专业化交流与整合存在极大困难。第二个原因，建筑涉及的学科和专业越来越多，到目前为止涉及几十种专业，因此建筑业是一个复杂度较高的行业，而将这么多专业的大体量建筑产品汇集形成某个建筑项目本身就存在较大困难。

数字化的到来将会从底层上改变建筑业的交流形式和知识经验的传播方法，因为在数字化模式下，所有的文本、视频、模型、图纸、逻辑判断、思维模式全部成为数据，实现了即时性交流、长久性存储与多元化交互的目标，这是一种革命性的变化。

具体来看，数字化对建筑业跨专业、跨流程沟通方式产生了革命性的影响。第一，数字化工具提高了跨专业沟通的效率。建筑业涉及很多专业，人与人之间、专业与专业之间，以及业主、施工、监理、设计各方面的交流实际上是跨专业的，很困难，而数字化可以从底层上将这些专业之间的交流联系起来并做到简化。第二，数字化解决了建筑业跨流程沟通的困难。建筑行业涉及的周期很长，短则两三年，长则十几年，这样就会出现前面的设计、思想在后期进行调整，以适应后期的施工、运营；各个部门参与人员的素质、关注的角度、加入团队的时间、收录的信息也不同，信息需要长期的可靠存储与检索、调用、修正，实现跨设计与施工流程的应用，这些都增大了信息沟通的难度。数字化改变了信息的存储、传输途径与应用方法，给建筑业跨专业、跨流程沟通带来了革命性的变化。

面对刚刚开始的数字化变革，我认为真正的挑战是我们如何去顺应这样一个数字化时代的到来，然后在结构体制与体系方面采取相应的措施。第一，顺应数字化时代的到来，在建筑项目中积极采用数字化工具；第二，调整我们的组织架构和交流模式，集中加强人才培养。

2011年您参与了上海迪士尼智慧园区项目的一系列数字化技术应用，作为政府方的技术管理负责人，请您简单介绍下当初数字化智慧园区的应用是怎么规划的？请您介绍下这一系列数字化技术应用的过程以及这些数字化技术给整个项目带来了哪些价值？

庞学雷：对于数字化技术应用，最重要的是从业主角度去推动，因为业主是项目的所有者，也是整个数字化技术应用的最终受益者，只有从业主的角度推动数字化技术的应用，才能够让应用有条不紊、循序渐进，并且在整个环节中得到体现，最终实现数字化技术的价值。而数字化技术的价值主要体现在提高交流效率、降低交流成本，从而降低建造成本、减少返工等几个方面。

基于由业主来主导数字化应用的认识，在迪士尼智慧园区中我们策划了一些项目，做了一些试点。比如我们当时有个迪士尼综合水处理厂项目，领导提出来是否能将灌溉水厂和湖泊水处理厂结合在一起，本来这两个水厂分布在两个地块，结合起来的话可以节约土地，但是生产工艺与施工工艺就变得复杂了。我们用数字化技术建立模型，根据具体的需求做了工艺分析，解决了多种设备管道的错漏碰缺，防止了返工的出现。我们从业主的角度整体来策划，而不是设计阶段只做设计数字化，施工阶段只做施工数字化，而是利用整体策划的数字化技术减少了项目过程中的浪费。虽然数字化技术也是有成本的，但是从这个综合水处理厂项目的试验情况来看，效果非常明显，数字化BIM技术的应用很好地提高了整个项目的效率，控制住了成本。另有一单边悬索人行桥桥梁项目，因为全部是三维的，三个方向全部是曲线，用CAD图纸是很难表达的，在这种情况下，我们采用BIM技术将这座桥顺利地表达了出来，以可视化的方式配合专业的技术分析实现了一个全新的世界级桥梁。因此，我认为数字化的BIM技术一方面提高了效率，节约了投资，另一方面能把原来很难表达的东西顺利地表达出来。通过这些试验项目，我们认为以业主为主导的原则和以 BIM 技术为代表的数字化技术的应用，以后将对整个迪士尼和周边的国际旅游度假区的一些项目的建设带来非常大的价值。

说到价值，我们再来看一下数字化技术的投入产出比。第一，最直接的就是，是否节约了建造成本。第二，是否降低了交流成本，是否节约了人的投入。因为很多时候我们没有办法比较是否节约了建造成本，因为同一个地方，我们不可能以两种不同的方法进行同一个项目的建设。第三，看产品的质量以及是否减少了产品在后续运营中间的投入。举例来说，很多工程不用 BIM 也能顺利实施，但是由于各个专业不协调造成项目效果不佳，比如一个项目由于各专业不协调给水系统弯了 5 个或 10 个弯头才顺利完工，而用 BIM 技术，一个弯头都没有，那么在后期的运营中，应用 BIM 技术给项目带来的耐久性、节约的能耗等优势将会显现出来。因此，数字化技术的投入产出比，要从整体、全周期、全方位地进行分析。

当然，考虑到投入产出比，我们还是要回归价值。比如很多项目，在前期做方案的时候，领导要看建成后的效果，看项目能否给整个地区的经济带来好的影响，看能否吸引投资者和客商入驻，这时数字化模拟技术就具有较大的价值，因为它直接影响了决策。但是不能回避，现在的 BIM 应用过程中有浪费的现象，不是所有的项目都需要用数字化 BIM 技术，也不需要以同样的深度去应用，比如 BIM 技术对于标准化的小型公共建筑以及标准化的住宅等的应用价值就不大。另外，我们要根据需求来推广数字化，不能为用而用，我们要选择合适的切入点去应用，最关键的是数字化技术是否推动了我们的建造。

从业主角度来看，您认为数字化技术，在招投标阶段和项目管理阶段分别为施工企业带来了哪些价值？

庞学雷：在项目招投标阶段，数字化技术能帮助施工企业更好地实现信息的收集、信息的叠加、信息的加工应用与信息的展示，可以将这些全面地展示给业主，相对容易取得业主的信任。另外，BIM 等数字化技术能更好地展示企业的实力，也会增加业主的信任度。

数字化技术在项目管理阶段给施工企业带来的价值主要有以下几个方面。第一，数字化平台可以帮助施工企业跟业主进行及时、完整的沟通，防止返工。过去业主对施工企业的管理实际上是黑箱管理，对于某个指令，业主不清楚施工企业内部的、现场的管理进程与效用。这种情况下，业主与施工方的交流是受限的，业主得到的信息都是被过滤掉的或者被屏蔽的。但是数字化时代，通过数字化平台这种沟通工具，施工方能够和政府机构、设计单位、监理单位、业主单位进行及时、完整的沟通。经过这种高效的沟通，业主会提出对施工建设有益的帮助和建议，防止了施工企业的返工。第二，数字化工具可以提高项目的整体管理水平。数字化平台里面不止有图纸和文字，还有视频、模型、管理流程与管理标准等，方便了施工方和业主的标准化沟通，也给跨专业的沟通带来便利，这就相当于整个项目的各方都发挥出了各自的专长，提高了项目管理水平。第三，数字化工具产生的价值给施工企业带来了生产效益。数字化工具给整个项目带来了直接和间接价值，而数字化工具使沟通变得更加透明，施工企业的隐形收益变得不可能。但是施工方应用数字化技术为业主带来了即时的或者后延的价值，这就涉及业主和施工方责任、义务、利益的重新界定。在为客户产生效益的基础上，给施工企业留出一部分增量收益是更好地提高项目效益的基础。

在推行企业数字化进程中，您认为企业是否要建立相对健全的数字化技术应用标准？如果应该建立的话，又该如何建立这种数字化技术应用标准？

庞学雷：我们说无规矩不成方圆，一个建筑行业的数字化转型过程中，一定要有统一的标准。但是标准的建立要遵循以下三点：第一，数字化技术应用标准覆盖范围不宜太大，应该按照行业或企业类型进行细分。建筑行业有很多分类，有农业、化工、航天、铁路、公路等等众多分类，同时，每个企业都有自身的特点，在这种情况下如果建立一个跨多个专业的完全统一的标准，要么太粗、太庞大，相互之间关系很复杂，这样的标准根本没办法用。因此，要根据细分行业，或者企业根据自己人员组织架构、技术水平以及业主应用需求，建立各自的标准比较好。第二，我认为标准要有弹性，要建一个指南性的东西。因为每一个项目都有自身的特点，我也评审过很多标准，要么很笼统，指导意义不大，要么写得太细，把项目卡得很死，也没办法用。我比较推崇上海的 BIM 技术应用指南，它给企业引导一个方向，是通用型、大纲式的，而不是强制的规定。第三，对每一个具体项目，要有针对性地制定实施方案。因为每个项目都有不同的地点、业主和自身的特点，我们要做一个客观分析，针对每一个具体项目做实施方案，这样才能让数字化技术发挥出真正的水平，当然建模规则、交付标准等在某个项目上应该是统一的。

在前期策划阶段，业主方提出需求以后，满足这个需求的具体的数字化方案，应该由业主提供还是设计方或施工方自己去深化？

庞学雷：根据我多年的数字化应用经验，我认为由业主方或者专业的第三方来做比较好。第一，业主方如果有数字化技术应用团队和经验，最好是业主方自己做，因为业主方最清楚自己的需求，并且已经建立了一套以业主为主导的数字化应用方案，这个方案在不同的项目中不断改进，已经较为成熟。第二种，由专业的第三方来做，专业的团队在了解业主的需求之后，制定出的应用方案往往比较专业。专业的第三方可以是设计单位、施工单位、第三方咨询服务机构。但是考虑利益冲突的回避，我建议不要采用施工单位或者设计院的同一个团队直接来做BIM的第三方咨询服务，因为这跟他们自己的业务是有冲突的，服务的跨度也不同。目前我们也在做这样的探索，在我们的西郊国际农产品市场的项目中，虽然设计阶段的专业设计与BIM都是华东院在做，但是华东院有设计和BIM两个团队，他们之间实际上是需要协调的，我们了解到这个问题之后，决定由我们业主作为第三方，将数字化应用的模式、流程进行统一规定与监管，这样设计和BIM两个团队就很好地协调起来了，实际上是对数字化方案进行了管理。当然，如果采用专业第三方进行数字化方案深化，业主也要对深化方案有所了解，这就要求第三方的BIM应用方案要让非专业的业主单位能听懂，不要将BIM应用神秘化，要实现信息的平等共享。

为了数字化的可持续发展，企业应该如何做人才梯队的培养，在方法总结、系统的培训方面，需要有哪些思考和行动?

庞学雷：人才培养主要包含两个方面，覆盖知识结构、年龄结构、管理三方面的人才梯队建设和新知识的学习。第一，人才梯队建设。人才梯队整体是服务于项目管理的，信息化团队必须要有领导级人物、具体操作人员、中层管理人员，还要考虑团队的知识结构、年龄结构，因此，我认为信息化团队要建成三个维度的梯队：知识结构的梯队、年龄结构的梯队、覆盖不同管理面的梯队。第二，新知识的不断学习。数字化是一个动态变化的过程，技术永远在不断更新，这就需要我们进行知识的系统性培训，还要组织相关团队到外面学习新的知识或进行交流。

再来看方法总结，作为企业来讲，一是要重点研究试点案例，总结成功经验和失败的教训；二是要研究新技术、新产品以及数字化软件、平台等，同时要多进行交流，进行同专业不同层面或不同专业的交流，大家相互学习经验教训，相互进行思维碰撞。

您对未来建筑业企业在数字化发展方面有哪些建议？您对建筑业数字化发展有什么展望？

庞学雷：目前建筑业整体竞争压力日渐加大，因此，建筑企业要深入研究如何降低成本，而数字化工具可以辅助管理的提升，达到降低成本的目的。另外，数字化二维三维联动的联审平台和协同管理平台可以解决现阶段图纸模型与文档的传递问题，建筑企业要积极利用这些数字化工具提升效率、降低成本。

建筑业是一个古老的行业，工业化水平比较低，但是数字化能帮助弥补建筑业工业化不足的问题，同时还能促进建筑标准化与工业化。数字化模拟可以模拟施工的整个过程，甚至连管理都能模拟，这就节约了交流的成本，因为众多项目地理位置与结构特点都不同，各个环节沟通起来成本较高，而数字化模拟过程将大大降低沟通成本，这在一定程度上弥补了建筑工业化的不足。大数据时代，设备收集上来大量的数据，没有数字化的智能工具，很难有效地利用这些庞大的数据。另外，建筑业劳动力日渐短缺，对机器人、预制构件的需求将大大增强，因此，数字化的到来很可能帮助建筑业通过工业化进入智能化。

数字化打通产业链条各业务环节，对施工企业具有重大战略意义

方学军

上海宝冶集团有限公司副总工程师兼企业发展和信息化部部长

上海宝冶集团有限公司作为较早一批数字化转型施工企业，坚定地走数字化道路，并且将数字化战略落实到企业的经营中，在数字化领域取得了丰硕成果。广联达《新建造》编辑部记者特别采访了上海宝冶集团有限公司副总工程师兼企业发展和信息化部部长，教授级高级工程师方学军，让方总为大家讲述数字化带来的真实变化。

毫无疑问，我们已经进入了一个数字化时代，作为建筑业企业的管理者，您怎样看待数字化对于施工行业的影响？面对这些影响，您认为当下对施工企业最大的数字化挑战是什么？应该如何应对这些挑战？

方学军：实际上，数字化给整个施工行业带来了很大的促进作用。与其他行业相比，施工行业的数字化水平相对落后于其他行业，但是近几年施工企业数字化取

得了较快发展，对整个施工行业的促进作用很大，以前用传统的方法看似很难、很繁琐的工作，在数字化环境下得到了快速、高效的解决。作为企业的管理者或者执行者，面对数字化对整个行业带来的变化，不仅要关注技术的发展，还要关注施工行业对数字化的需求，同时也要看到数字化对施工企业的促进作用。

以我们公司为例，数字化概念近几年才开始向整个建筑施工行业渗透，我们公司相对较早地接受了数字化概念，起步相对较早，也从数字化中取得了收益，因为信息化作为数字化的一个方面，我们在信息化方面起步较早。中国施工企业信息化、数字化的真正起步是从政策层面的推广开始的，也就是从住房和城乡建设部的资质就位开始的，可能有的企业起步以后，中间有间断，我们宝冶集团从信息化、数字化起步以来就没有间断过。我们坚定地走信息化、数字化道路主要有两方面的原因：第一，企业对信息化、数字化重视；第二，整个建筑企业数字化技术虽然之前发展缓慢，但是近三四年来发展速度的快速提升给施工企业带来挑战，作为施工企业管理者必须接受这个挑战。

面对以上挑战，企业要有相应的策略应对这些挑战。我们公司将数字化应用上升到公司战略层面，并将数字化战略落实到企业经营中，自公司改制以来，信息化或数字化都是公司每一个五年规划的重要内容，五年规划中相应的措施规则都会体现数字化。同时，我们在经营中也是严格执行我们在规划中的数字化战略。

您认为建筑业企业在数字化转型过程中，应该把数字化转型提到企业的战略层面吗？宝冶集团将数字化转型提到了企业的战略层面，这将为企业的长期发展带来哪些价值？

方学军：数字化打通了建筑施工产业链的各个业务链条，对整个建筑施工行业的影响巨大。首先来看一下建筑业企业的概念，前段时间我们公司参与了同济大学建筑产业发展研究院的“国家建筑产业2035产业发展规划”课题，在这个课题中大家对建筑业企业的范围进行了探讨，中国的建筑业企业概念跟国外的建筑业企业包含的范围是不太一样的，按照住房和城乡建设部的概念，建筑业企业就是施工企业，但是，随着建筑企业数字化应用的逐渐深入，我们现在的建筑业企业已经对建筑产业链进行了延伸，建筑业企业的范畴在国内就慢慢扩大了，建筑企业向上下游延伸。而在延伸的过程中，数字化起到了非常重要的决定作用，因为建筑企业在向产业链延伸的过程中，如果产业链的前端、后端还像以前那样是断裂的，那么企业的产业延伸肯定是做不好的。现在有了数字化，它将建筑产业延伸过程中涉及的整个业务链串起来，实现了前端产业业务与传统概念上的施工企业的业务以及后期的运营服务业务的数据联通，数字化转型对企业的战略意义可想而知。

同时，整个行业数字化浪潮袭来，企业对数字化的重视程度决定了企业能否在数字化浪潮中生存下来。在数字化环境下企业自然而然产生的这些数据，对企业未来市场的方向定位以及业务开拓都会带来较大的影响，从这个角度来看，企业如果赶不上数字化浪潮，必然会掉队，更严重一点甚至被淘汰。我们曾经做过调研统计，有些老师、专家说在几年之后，整个建筑施工行业肯定会有一次全行业大洗牌，而企业对数字化的重视程度决定了这次洗牌的结果。宝冶集团作为上海市四大品牌建设企业和上海市服务品牌认证企业，将数字化转型完全提到企业的战略层面，并且专门制定了数字化战略，这些在战略层面的数字化转型对我们整个企业的发展起到了非常大的推动作用。其实，企业内部的数字化不仅推动了企业自身的发展，整个行业的数字化产生的影响也是巨大的，在没有数字化转型的时候，收集整个行业的数据需要看大量的报表，过程非常繁琐，而数字化就可以省去这个繁琐的过程。

再来看一下我们公司将数字化转型提到了战略高度，它为我们带来的价值。我们现在的业务层面和管理层面都在进行数字化转型，先来看管理层面，目前我们公司主要业务系统的管理全部在往数字化方向转，虽然目前转得还不是很到位，但是业务－财务一体化的财务共享系统等一系列数字化动作都在落地。业务层面的数字化转型基本体现在项目的数字化应用上。我们公司在BIM、智慧工地方面应用起步较早，尤其是BIM应用更是早于全行业，公司在BIM走进国内之前就成立了BIM中心，并且在钢结构产业里做三维大概有二十年不止，当时虽然没有明确BIM概念，但实质上就是BIM的应用。宝冶集团在BIM应用方面起步较早的契机就是我们承担了国家投资的国外重大项目建设，比如我们投资的较早的巴斯夫化工系统，是应用BIM系统较早的项目。BIM应用另外一个较早的领域就是钢结构产业，还有就是我们参与建设的上海迪士尼项目，每一种施工方案都用BIM模拟，全面实现了数字化，每天的项目协调会上都是根据模型进行讨论，而且我们结合了P6进度管理技术等其他的新技术。也因为这个项目，公司也先于行业其他企业成立了BIM中心。

对于建筑业企业而言，项目肯定是企业核心的利润来源，那么作为企业的管理者，您认为哪些是最影响项目管理水平的因素？项目管理中面临的这些主要问题应该如何去解决？数字化在这个过程中能够提供哪些方面的帮助？

我认为项目的标准化和可视化是影响项目管理水平的最关键因素。我们先来看建设企业的利润来源，建筑企业的根本落脚点在项目上，没有项目企业就没有生存的可能性，单纯的施工企业，项目是它唯一的利润来源。宝冶集团因为向上下游拓展了企业业务，利润实现了多元化，我们现在有自己的PC装配式构件厂、自己的直饮水产业，还有一部分以投资驱动的建设项目，可能利润来源不太一样，但是总的来说，作为一个施工企业，项目还是利润的根本来源。项目作为企业利润的根本来源，品质的好坏就显得至关重要。项目的品质跟业主、设计、选用的材料、整个项目前期的决策密切相关，而一旦项目决策定下来，合同签完以后，影响该项目的利润或收益的肯定是整个项目的管理水平。

再来看一下对项目管理产生重要影响的项目标准化。以前，项目的管理水平取决于项目经理班子的水平，但这不是先进建筑企业的根本出路，作为一个先进企业，我们首先考虑的是如何提升影响项目的最关键的因素——项目管理水平，制定一个可控的基本框架，让整个项目在这个基本框架下运行，而实现这个框架的前提就是依规合法去做。这里的依规合法对企业来说就是针对项目管理要有一套完整的管理体系与管理制度，包括从整个项目的前端到项目结束以后的评估这一整套系统。之前是人工化管理，而现在我们考虑如何将项目管理水平与数字化结合，但是国内还没有出现一套建筑管理软件，能够对整个项目提供完整、高效的数字化支持。

在这种情况下，我们企业主要做了这两件事：一是进一步规范项目的标准化，使之更加符合将来数字化的应用需求；二是与软件企业合作，做项目数字化应用的开发推广，因为每个建筑企业管理都有各自的特点，软件企业只能做基础性功能，满足建筑企业共性的问题。我们的计划是，首先将项目基本管理要素、基本管理流程与基本成本资料实现规范化、标准化，然后再利用数字化技术推动我们的标准化。

影响项目管理水平另外一个重要因素是项目的可视化。这里的可视化有两个含义，一个是我们可以可视化地控制与监控项目的整个工作过程；另外一个是可以使整个项目的成本可视化，随时监测项目成本的过程。而可视化的产品需求，一款是能够监测工地的实际进展，让管理者能够时刻看到项目的进展，一款是能满足整个项目管理过程，使管理者在后台上能看到项目所有环节、要素是否出现问题。

最后再来看一下数字化对提升项目管理水平带来的帮助，主要体现在数字化在提升项目产品、管理、流程标准化等方面给予的帮助。宝冶集团在以下四个方面推行项目的标准化：一是将项目管理过程中的要素和岗位进行标准化，也就是所有项目应该设定什么样的岗位，每个岗位应该干什么事情，应该走什么样的流程等都实现标准化。二是结合现在我们企业的发展，做一些标准化的建筑产品，比如现在做的装配式建筑，我们有意识地引导我们的设计院与装配式构件厂，做标准化的产品。三是我们在施工现场做模块化施工，也就是工艺流程的标准化，比如复杂的机电管线安装，我们现在基本上不在现场配管，全部是通过 BIM 技术建模，在工厂中完成配制。四是流程的标准化，我们在管理过程中，对项目的支出、项目的考评以及项目过程的检查进行标准化。而数字化是实现这些标准化的最关键因素。

“无规矩不成方圆”，那么在企业推进数字化的过程中，您认为企业是否需要建立健全的标准，尤其是数字化标准是否需要建立？这种应用标准应该如何去制定？

我们企业目前也在建立标准，现在我们企业在项目上应用较多的点，制定了自己企业的标准，比如智慧工地应用标准，而在数字化应用这块，我们制定了七八个 BIM 应用内部技术标准。同时，在 BIM 应用方面，我们还有二十几个软件著作权。另外，在 BIM 技术售后服务方面，我们现在还在建立 BIM 支持项目管理的标准，包括正在与深圳工务署合作的 BIM 管理应用规范。还有在纯 BIM 技术方面，我们将数字化与企业标准结合起来制定技术标准，比如现在做的财务共享，财务共享有利于财务系统的标准化，同时，我们也在通过财务共享来促进工作标准的建立。另外，我们还在做一些产品的标准。

企业在推行数字化的过程中，对于数字化应用的方案、过程的执行、方法的总结这些方面，您认为应该做哪些方面的思考和行动？

企业完成数字化转型需要一个较长的过程，我们公司在转型的过程中，制定了长期的规划，我们先搭数字化框架，再在这个框架之下进行每一个系统的搭建。我们的数字化转型方案主要分为三步：第一步构建一些大的信息化系统，比如我们目前已经拥有的财务共享、BIM、OA 办公系统、部分项目管理系统等；第二步建立数据共享平台，我们目前正在准备对公司原有的数据进行数据治理，将数据纳入统一的平台中，以实现数据共享；第三步打通所有的数据，为我们的生产经营服务，为企业发展的决策提供依据。

方案制定好之后，中间执行过程中会遇到很多的困难，比如数据收集时遇到的数据重复录入问题。数据重复录入也是数据收集过程中遇到的最大的问题，中国建筑企业数字化相对落后，企业的各个信息化业务分布在不同的软件厂商里，比如做预算系统的广联达、做财务系统的浪潮和用友等，建筑企业信息化系统都是单列的，它们的数据也都是分散的。如果各个业务的系统不能打通，就会带来了重复录入问题，这对基础工作者和管理者都是一种负担。现在我们也在想办法解决这个问题，比如，我们现在的业务财务一体化和财务共享的数据是打通的，还有人事管理和 OA 办公数据是打通的，但真正实现数据共享还有很长的路要走，因为最基础、最繁杂的项目管理数据还没有打通，而打通项目管理数据又面临行业和单个企业都很难解决的数据标准不统一的问题。

最后是方法的总结，及时、良好的总结有助于整体效果的提升。在信息化方面，我们内部基本会进行半年度、年度总结，同时，我们还有一套执行过程中的反馈机制，凡是在执行过程中发现执行者有问题，我们会及时提出改进方法和意见。总结一下我们公司数字化转型的效果，我们目前在做的这几套信息化系统，基本达到了总体的目标。对此，我对行业内其他企业的建议就是目标与方法的总结呼应度要高，因为平时过程当中及时、良好的总结对后期整体效果的提升有很大的帮助。

畅想未来，在您看来，企业在推行数字化过程中将会遇到的哪些阻碍？从建筑企业的角度，您对行业的数字化未来发展有哪些建议？您如何展望建筑业整体的数字化发展？

我认为未来企业在推行数字化过程中遇到的最大的阻碍是，建筑产品的多样化给数字建筑的应用推广增加了难度。针对这个问题，建议国家修订建筑设计标准和建筑产品标准，将这些标准与数字化结合起来，比如缩减现在很多国家规范里规定的那些建筑模式类的内容。

另外从产业的角度，我的数字化建议是提高建筑产品工厂化比例。因为工厂化便于数据的自动采集，而目前我国建筑业的工厂化率较低，比如我国目前装配式建筑的装配率还比较低，对离散的数据实现自动采集是很困难的。整个建筑产业实现工厂化是很困难的，但是更加规范的建筑产业产品或半成品、原材料产品将有助于数据的自动采集，这个在推进建筑产业标准化、数字化方面将起到至关重要的作用。而针对具体企业来说，我的建议是将企业的数字化推进提高到战略层面，将数字化推进作为一把手工程来推。

展望一下建筑业整体的数字化发展，总体是建筑企业需要数字化，数字化反过来又会促进建筑业的发展。具体来说是，大型企业做标准，小型企业做协作，所有的企业思想达成共识，共同推进建筑业的数字化发展，加上标准的推进，整个建筑业数字化将会得到更快更好的发展。

新技术条件下的信息化建设模式思考

刘睦南

北京市第三建筑工程有限公司副总经理、企业 CIO、总法律顾问

经过多年的艰苦努力，国内建筑业在信息化建设领域已经取得了长足进步。信息化在行业内的推广，为行业整体发展带来了卓越成效。但我们应该清醒地认识到，我国经济已经由高速增长转向高质量发展阶段，正处于转变发展方式、优化经济结构、转换增长动力的攻关期。2019 年的经济趋势是“稳中有变”，这不仅意味着风险挑战在加大，也意味着新的发展机遇，外部压力将会倒逼深化改革和扩大开放。对建筑业来说，其规模快速扩张带来的发展正在成为过去式，传统的建筑业面临着前所未有的机遇和挑战，对施工企业的转型升级也提出了新的要求。

党的十九大报告明确，要支持传统产业优化升级，加快发展现代服务业，瞄准国际标准提高水平。近年来，信息产业的发展和新技术的不断涌现及应用，给各个行业尤其制造业带来了根本性的变革。这充分表明，建筑业通过技术进步提升生产方式转型升级的发展空间巨大。这要求建筑业以技术创新为驱动，进一步推进建筑产业现代化。

换言之，如何有效合理地利用信息技术手段为行业整体转型升级提供技术支撑，是当前建筑业信息化从业者需要认真面对的现实课题。

建筑业转型升级面临的主要挑战

（一）经营模式由项目总承包向工程总承包转变

受之前分割管理体制的影响，建筑业工程建设环节碎片化、分散化、分割极为严重，尤其工程总承包推广缓慢，建筑企业多集中于建筑业价值链的低端，在附加值高的融资建设、总承包、全过程工程专业咨询等方面仍落后于发达国家。

2017年，国务院办公厅印发的《关于促进建筑业持续健康发展的意见》要求："加快推行工程总承包。装配式建筑原则上应采用工程总承包模式。政府投资工程应带头推行工程总承包"。这就要求我们通过完善优化工程建设组织模式进一步提升生产力，以带动我国建筑业企业从低端市场走向高端市场，提升整体竞争力。这包括构建三足鼎立的工程建设组织模式，明晰工程建设各方各层的权责利，即强化建设单位的首要责任；加快推行工程总承包，促进设计施工深度融合，由分割管理转向集成化管理；培育全过程工程咨询，发挥建筑师的主导作用，由碎片化转向全过程。

通过经营模式的转变，一方面促进总承包企业在国内外市场做优、做强、做大；另一方面帮助大量专业精准、特色鲜明的小微企业，提升单项专业能力，促进其在细分市场中做专做精做细，形成龙头企业与小微企业之间的合作，各取所长，优势互补，避免同质化，形成良好行业生态。

（二）生产方式由粗放低效高能耗向环保节能转变

业内现有的传统技术弊端十分突出：一是粗放式，钢材、水泥浪费严重；二是用水量过大；三是工地脏、乱、差，往往成为城市可吸入颗粒物的重要污染源；四是质量通病严重，开裂渗漏问题突出。这表明传统技术已非改不可了，加上节能减排的要求，必须加快转型，以绿色发展为核心，全面深入地推动绿色建筑、装配式建筑、超低能耗被动式建筑的发展。

（三）优质劳动力资源由“买方市场”向“卖方市场”转变

我国建筑业一直以来属于劳动密集型行业，而随着我国人口红利的消失，建筑业的“招工难”“用工荒”现象已经出现，并仍在不断加剧。除此之外，建筑业长期以来拼速度、拼规模的单一粗放生产方式，导致了高素质的复合型人才缺乏，尤其是生产一线的进城务工人员一直以无序、散乱的体制外状态存在，专业技能水平不高等问题突出。这就要求我们一方面改革生产方式，通过建筑工业化大幅提高劳动者的生产效率。另一方面，同样重要的是改革建筑用工制度，推进进城务工人员向产业工人转型，同时利用好我国新一代年轻劳动者素质提升和就业结构优化等人才新红利，加快培养高素质建筑人才。

（四）“数字建筑业”对建筑业发展提出更高的要求

数字建筑业是一个实践层面的科技发展问题，近年来很多建筑企业充分重视并已先后在该领域着手推进科技创新发展，率先在项目管理、企业管理中综合应用 BIM 以及云计算、大数据、物联网、移动互联网、人工智能、3D 打印、VR/AR、数字孪生、区块链等数字技术。新兴数字技术的应用，不单单为企业某一领域的提质增效提供了帮助，也对提高建筑业从业人员的整体素质提出了更高的要求。

建筑业信息化发展模式的思考

（一）建筑业信息化的发展脉络

回顾我国建筑施工企业信息化建设的发展脉络，按照其建设内容、共性特点、逻辑关系等，到目前为止大致可分为以下三个阶段：

1. 专业工具软件应用阶段

这个阶段属于行业信息化的初级阶段，具体形式以各类专项工具软件的小范围应用为主，目的在于利用计算机辅助工具以及工具软件解决文字、图表处理电子化（办公软件）、工程预算、工程算量等具体工作需要；在一定程度上提高了工作效率、降低了重复性工作量，为行业信息化发展奠定了最初的基础。

2. “信息孤岛”阶段

在这个阶段，信息技术开始与企业业务管理融合，逐渐形成了局部的、专业部门业务管理子系统的产品，如物资管理、人力资源管理、技术资料管理等系统，应用较广泛，显著提高了管理水平。但在某种程度上，相关业务模块属于业务部门内部纵向应用，行业管理的信息化运用还较为粗放松散，系统的设计与应用同企业管理之间还是“两层皮”的状态。

3. 企业信息系统集成与管理相结合阶段

这个阶段以特级资质考评为契机，部分企业在总结之前信息化工作中得失经验的基础上，结合企业自身管理实际需要，围绕企业核心业务体系与流程体系进行梳理优化，以“管理标准化”为切入点，从源头解决企业信息化系统与实际管理“两层皮”的现象。

分析上述三个发展阶段的建筑业信息化建设，具备以下两个显著特点：

1. 建设模式从解决业务需求向提升管理转变

在推进信息化建设的过程中，业内各方尤其是建筑企业自身逐步认识到，信息化建设的根本目的在于提高企业管理水平。一方面通过规范化标准化建设，整合业务流程，通过企业信息系统的统一规划、建设，实现企业合约法务、资金、人力、物料、技术质量、安全环保等核心管理职能有效落实，使信息技术与管理业务流程相互整合，提高了企业管理效率。另一方面是优化管理模式，实现企业职能部门业务系统的集约运行。信息系统能在很大程度上帮助企业加强施工过程管理，提高工程质量，降低材料采购成本，使企业整体效益得到提高，并最终提高企业核心竞争力。实际上，凡是信息化建设成功的企业，在企业管理提升方面都实现了同步提升。

2. 原始业务数据采集主要依靠人工操作录入

由于技术条件的限制，大多数信息系统的原始数据录入与采集需要通过人工完成，因此给一线生产业务人员带来了较大的工作量，由此引起一线人员和实际业务操作人员的抵触，这是大多数企业信息化建设初期面临的一个主要阻碍。同时，项目一线由于人力资源配置数量不足、业务人员经验不足或者业务人员对计算机操作不熟悉等原因，也对信息化推进工作产生了不利影响。

对新技术条件下建筑业信息化建设的建议

（一）建筑业信息化建设基本原则

总结近十年来建筑业信息化建设工作的经验得失，最关键的一点就是要坚持“信息化建设必须以提升企业核心竞争力、提高企业管理能力为目标”的原则，以此指导相关新技术、新产品在企业内部的推广和应用。

其次是坚持“集约化、体系化、标准化”原则。任何新技术和新功能的增加，都要确保实现在企业内部跨部门、跨系统的业务交圈，纵向上可以为项目基层向上直至企业决策层的各个工作层级提供业务操作与管控决策的执行依据，从而提高企业整体运营管控水平。

再次是坚持“总体规划、分步实施、注重实效”原则。任何一个企业的信息化建设，都是一个持续改进和不断完善的过程，需要与企业自身发展和管理成熟度相适应。因此在推进过程中，应以企业现实情况为基础进行总体规划，分步骤分阶段推进落实。同时要注重实效，尤其是要避免增加生产一线人员重复无效的工作量，平衡好管理落地和实际操作价值的关系。

（二）对新技术条件下建筑业信息化建设的建议

在传统企业向智慧建筑施工企业升级、转型过程中，互联网的作用不只是支持企业业务，更应该是驱动企业转型的主要动力。建筑施工企业通过建立业务价值导向的互联网战略，将管控机制、企业架构和IT能力三个领域深入融合，真正实现业务与IT和互联网的完美结合，驱动业务发展。建筑施工企业互联网战略应以关注资源的战略整合为重点，其中，BIM、物联网、云计算和大数据对智慧企业的形成和发展至关重要，物联网是互通互联的基础，云计算是智慧企业的平台和支撑，大数据积累和应用是智慧企业的目标。

需要注意的是，任何一种新型技术的推广应用，都是以服从和提高管理为根本目标的，如，BIM技术除了应用于工程设计与市场引导，还应向制定生产计划、资源配置、工序排布、成本控制以及大数据对比分析等功能延伸；从单一企业内部运用，向贯穿项目规划立项—项目设计—项目生产—项目交付运营全生命周期业务链延伸，从而实现业主、设计方、施工方、专业分包方、资源供应方乃至项目运营方在同一业务数据标准体系下合作运行，真正实现产业协同，促进行业整体管理水平和效益的提高。

还需要特别关注的是，由于新技术的不断涌现，对于建筑行业整体从业人员的素质水平提出了更高的要求。以往需要由业务管理人员负责完成的数据录入分析工作，今后可能就需要由一线生产人员负责完成，也就是说，生产一线人员不光要具备专业生产技能，还需要具备一定的计算机或互联网操作能力。手机在生产和生活中的广泛应用，对于建筑业信息化落地起到了一定的推进作用。但当前建筑业劳动力方面存在的深层次结构性矛盾日益凸显，如何面对高素质人员支撑新技术涌现的问题，也需要业内同行思考解决，可以说，只有解决了“人”的问题，建筑业的信息化发展才会得到有效保障。

施工企业数字化转型的三个维度与两项工作

王鹏翊

广联达科技股份有限公司副总裁

施工企业数字化转型是现下特别热门的话题，但对于施工企业来说仍然存在很多的疑问，数字化转型是不是必须那么着急？转型究竟转的是什么？如何做才能转成数字化？本文针对这些疑问，为大家分享一些广联达的思考，并主要阐述数字化转型的三个维度和两项工作。

行业形势呼唤数字化转型

中国建造与中国制造、中国创造并列提出，三者共同发力正在改变着中国的面貌。两次数字中国大会在福州召开已经说明国家对于数字化发展的重视。据统计到 2018 年底中国数字经济规模已达 31 万亿元，约占中国 GDP 的 30%。中国 1000 强的企业里面有 50% 已经把数字化作为面向未来的关键策略，IDC 预测未来有 65% 的企业都是基于信息和数字的公司。国家的重视与可观的经济数据共同代表一个趋势，数字化已经成为行业的主流认知。

（一）两种主要矛盾驱动建筑行业数字化转型

首先是行业需求和标准的升级驱动行业转型。国家提倡绿色建筑、智能建筑，每单位 GDP 能耗要下降 15%，碳排放量减少 18%。现实是现在建筑品质并不乐观，据调研国内现在建筑物寿命只有 30 年，每年拆除新建比为 40%，建筑行业占社会能耗的 50%，这些会成为制约行业发展的障碍，也是数字化转型的动力。

其次是劳动力紧缺将倒逼行业升级。目前劳务工人存在两个 50%，第一老龄工人占比已达到 50%，也就是 45 岁以上的工人已经占到建筑工人的 50%；第二预计人力成本未来将占总成本的 50%，10 年前人力成本占比仅为建造成本 16%，今天占比约为 30%，十年之后人力成本预计会和发达国家持平，占到 50%。随着中国进入老龄社会，未来建筑行业的劳动力缺口必然会增大。

可以参考已经进入超老龄社会的日本，目前建筑工人平均年龄已经到 50 岁，整个行业建筑工人的缺口大概 100 万，日本政府已经有引进近 30 万工人的计划。为了解决劳动力紧缺问题，日本启动 I-CONSTRUCT 计划，使用 BIM、物联网、装配式、机器人等技术来提升劳动生产力。

日本的现状就是五年、十年之后的中国。届时能提升劳动力的技术，比如装配式、BIM 等技术，将会得到快速的发展。

（二）数字技术是打开行业转型的重要手段

在建筑业的发展过程中，有三种驱动模式：第一个是资源驱动，第二是管理驱动，第三是技术驱动。今天施工企业主要是资源驱动，而技术上真正的投资只占 10%。

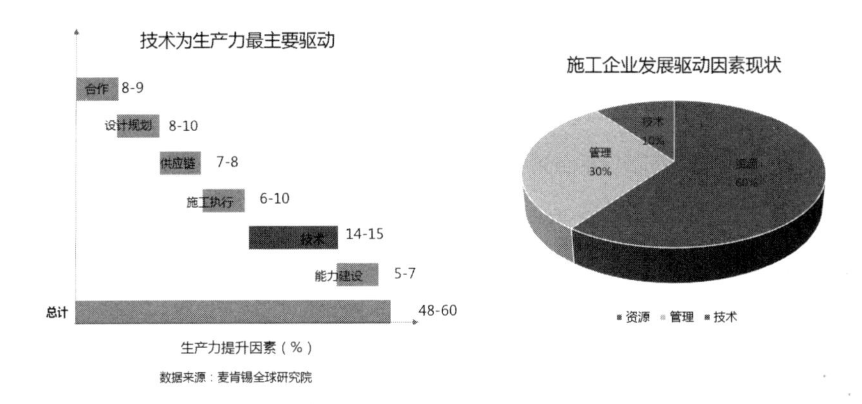

建设企业发展驱动要素中，技术被低估而最有潜力的因素；数字技术为最有潜力的领域

图 1 转型升级模式选择

在麦肯锡研究院生产力提升因素的分析中，技术是最主要驱动，占据 25%。总的来说在建筑行业企业发展驱动要素中，技术是最被低估也最有潜力的因素，数字技术则是重中之重。单点建造技术可能只带来个别效益上的提升，而且数字技术的应用，可以为整体转型升级带来可能性。

建筑施工行业现状要求进行一系列技术的变革，以减小高能耗、低利润、劳动力紧缺等带来的问题。在这些因素的驱动下，以前被认为成本高的技术都会得到重视，以使应用成为现实。

数字化转型的三个维度

施工企业数字化转型到底转什么内容呢？广联达新建造研究院的分析，施工企业转型涉及三个维度：第一是生产维度，即用数字技术对工程项目的设计、生产、施工和交付等工程建设全周期进行提升；第二是组织维度，通过第一维度的数字化得到大量的数据，这些数据在企业、项目与个人之间变得透明，从而带来企业对项目管理和人员管理的变革；第三是价值链维度，通过前两个维度充分发挥数字化的效率属性，实现生产和管理的效率提升后，链接用户、建设方、分包方、施工单位，使施工企业转型为平台，围绕工程项目及数字化平台，链接各方，从而实现施工企业的价值链转型。

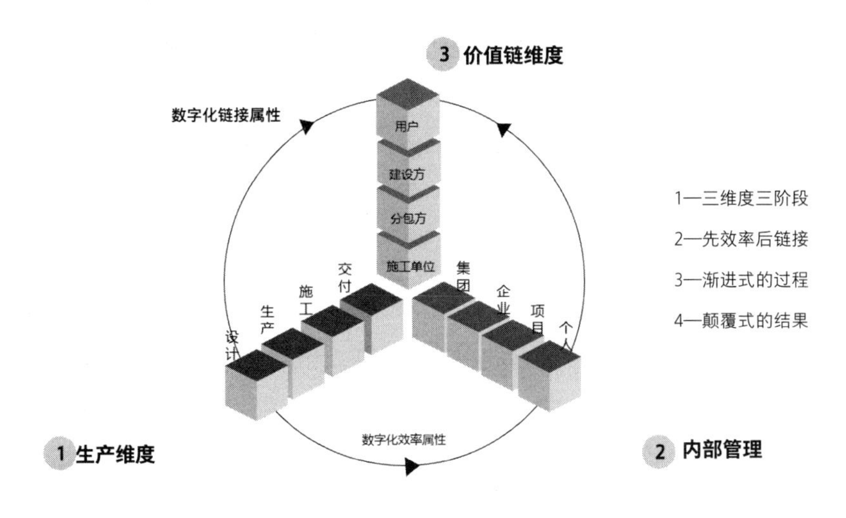

图 2 数字化转型的三个维度

（一）生产维度

生产维度的数字化发生在三个场景：第一个场景是在项目办公室利用 BIM 技术实现工程项目的虚拟建造；第二个场景是在生产工厂以虚拟建造为基础，实现构件的工业生产；第三个场景是把数字建造形成的数据输送到施工现场，指导现场生产活动，同时运用物联网、AI 等技术采集现场施工的信息，即智慧工地。

图 3 数字化生产

虚拟建造（BIM）主要做两方面的工作，一方面是设计深化和专项技术方案，BIM 在结构深化和机电深化、场地布置、脚手架设计等方面已经取得很广泛的应用；另一方面是施工策划，在设计深化的基础上，利用 BIM5D 技术完成施工场地布置、施工计划、资源计划的整合，完成数字化的施工组织设计。虚拟建造是生产维度的关键场景，预计在未来三年应用面持续扩展，一方面 BIM 深化设计以及 BIM5D 等技术在过去四年的应用中持续完善；其次，行业多个大赛的影响力逐步扩大，比如龙图杯参赛项目数量近几年每年增长速度在 50% ~ 60%，中建协大赛今年也将重新启动；第三，BIM 建模成本已由五年前 20 ~ 30 元 / ㎡，下降到 3 ~ 4 元 / ㎡；第四，与过去相比，行业内 BIM 技术人才普及程度在加速，行业内越来越多的 BIM 咨询企业、施工企业 BIM 中心、软件企业培训也已经使得 BIM 人才快速增长。

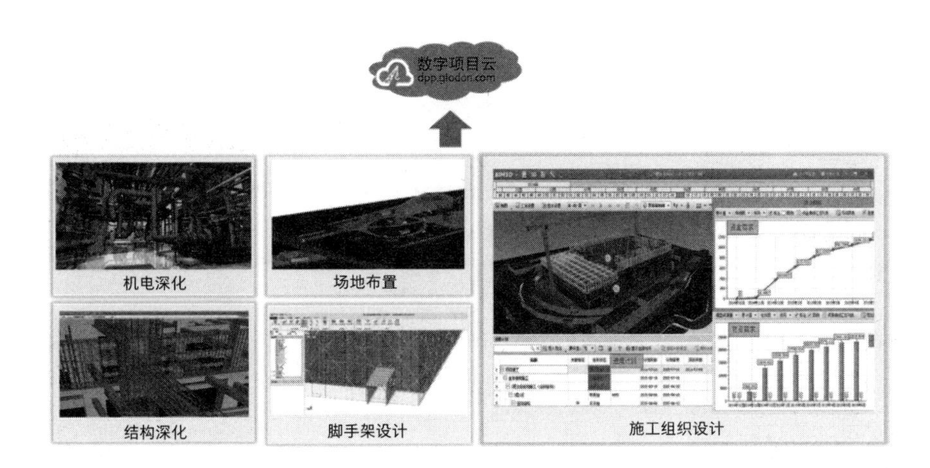

图 4 虚拟建造

工业化生产，契合国家推进装配式的方向，根据《国务院办公厅关于大力发展装配式建筑的指导意见〔2016〕71 号》，在 2025 年实现装配式建筑占新建建筑的比例达到 30% 以上的目标。经过多年发展及国家政策鼓励，装配式建筑已经得到多方面的验证和多个企业推广，在技术上已经充分验证可能性。制约其推广的主要问题是建造成本高于传统作业 20% ~ 30%，我们判断工业化生产逐步会成为高层住宅等合适项目的主要建造方式，主要原因包括：（1）劳动力紧缺问题逐步成为主要矛盾，（2）对于施工环境、施工安全的日益重视；（3）装配式项目数量增加带来的规模化成本下降；（4）各地出现补贴鼓励政策。日本的高层住宅大量使用装配式建筑也验证了这个观点。数字技术，特别是 BIM 技术，天然具备和装配式建筑高度匹配的特性，BIM 技术的应用会进一步降低装配式建筑应用的技术障碍。

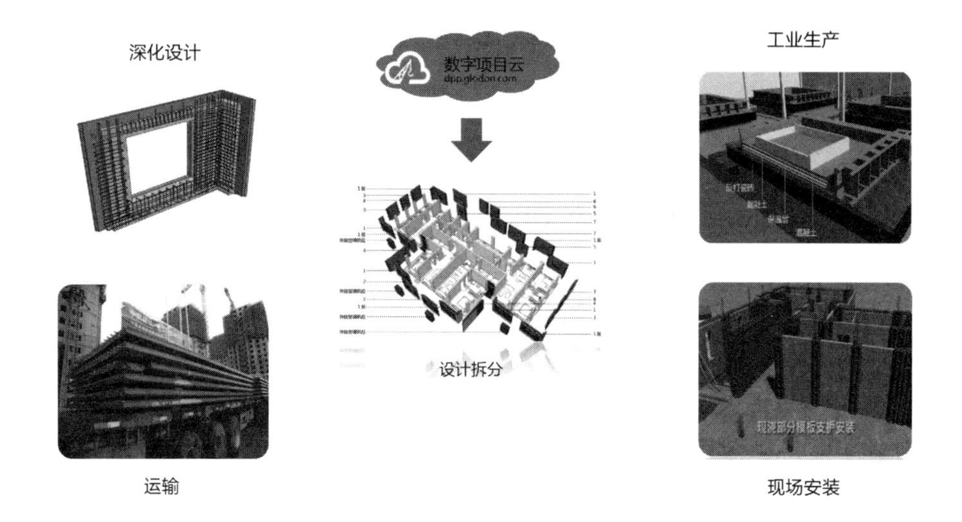

图 5 工业化生产

智慧工地，是根据虚拟建造的方案，去指挥现场的每一个劳务工人完成工作，并且运用大量的物联网设备，采集现场作业数据，包括人、机、料、法、环的数据，生产、质量、安全的数据，也包括模型信息量使用的数据。最后将这些现场数据与云端建造的数据进行比对，为进一步决策提供数据支撑。智慧工地将会实现两个“一”的精细管理，第一个“一”是通过两个武器，让每一个劳务工人升级到产业工人，即智能安全帽和手机。通过智能安全帽可以收集工人每天的工作信息，比如考勤、工效分析、安全预警等。通过手机端，可以让每个劳务工人看到今天要做什么工作、采用什么样的方案、要达到什么样的质量标准。这套方案在广联达的几百个项目中已经在实施。第二个“一”是指每一台设备的数字化，比如环境监测、塔机黑匣子、环境监测、深基坑、高支模的物联网监测，随着智慧工地的普及，设备数字化日益变得常规化。

在广联达智慧工地的平台，可以看到施工现场的视频资料，了解生产、质量、安全问题。很多企业已经在尝试智慧工地的应用。不同于传统的信息系统，它更关注的是数据，而非流程。因为项目上没有那么多标准的流程，恰恰是这些数据让我们知道现场发生了什么，以及效益和成本情况，这正是生产维度的意义和价值。

图 6 智慧工地

虚拟建造、工业化生产、智慧工地三个技术在过去的五年里突然加速发展，他们的同时出现，不是偶然的，也不仅仅是一时的风向，而是一个长远的趋势，并会逐步变成现实。背后驱动的因素是建筑行业需要转型升级，劳动力紧缺、成本上升问题急需解决，而这三个技术都能帮助提高生产率和管理效率，以解决上述问题。

（二）组织维度

从组织维度来说，随着数字化生产得到的海量数据，管理发生了什么样的变化呢？传统的企业管理项目的难点在于施工企业的各个管理部门，包括工程部、物资部、商务部等，往往只有几个人到十几个人，可以对项目启动、项目策划阶段进行重点管理，而项目实施阶段的两到三年里，往往需要对在建的几十个项目进行监管，传统管理模式中难以掌握工程的实际信息，因此一般企业只对项目的目标和结果进行管理，过程管理更多依靠项目经理的能力，而有能力的项目经理往往是极为紧缺的。

数字项目管理（BIM+ 智慧工地）平台可以帮助企业实现有效的过程监管。数字项目管理（BIM+ 智慧工地）平台将策划阶段的施工方案与合约规划方案数字化，并且过程执行的进度、质量、安全问题全部都在云端呈现，项目和企业都可以同时获取统一信息，因此企业可以实时获取过程管理所需的信息。例如用数字化的方式进行生产周会，进度有没有延误、现场发生了多少质量安全问题、有没有整改、现场有多少劳动力以及物料情况等非常清楚。数字化的经营分析会上，企业商务部门得到更为准确的数据，以指导准确的成本分析和决策。施工方案及施工过程的数字化以及云技术可以解决企业与项目信息不对称问题，让企业把对项目的管理由结果管理变成过程管理，这是数字化在管理上的重要价值。

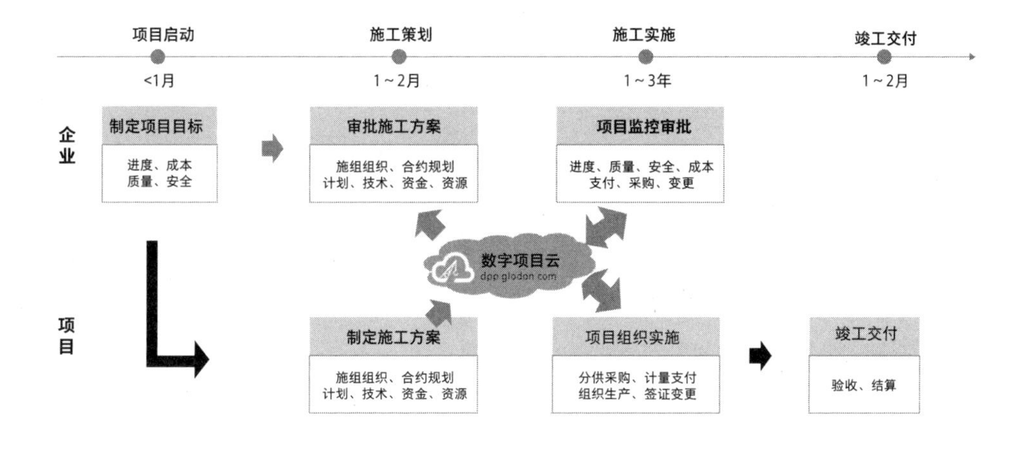

图 7 变化 1：由结果管理到过程管理

数字化带来的第二个变化是让施工企业不断积累工程管理的大数据，通过大数据赋能技术、工程、成控、物资、人力等业务部门，转型为大后台小前端的平台型组织。技术部根据数字项目管理（BIM+ 智慧工地）平台积累的技术方案库和族库，完成 BIM 深化设计、施工组织方案以及技术方案的选择；物资部从历史项目中沉淀出合格供应商的材料品类、供应能力、材料价格，并从数字项目管理（BIM+ 智慧工地）平台获取各个项目的施工进度及物资需用计划，从而确定项目物资采购计划。能够预见到数字项目管理（BIM+ 智慧工地）平台可以让企业更多地把能力沉淀在企业，从而承担更多项目的施工方案策划、合约规划等重要决策，将来甚至会出现部分项目完全由企业决策，项目只负责现场施工管理和执行的情况。

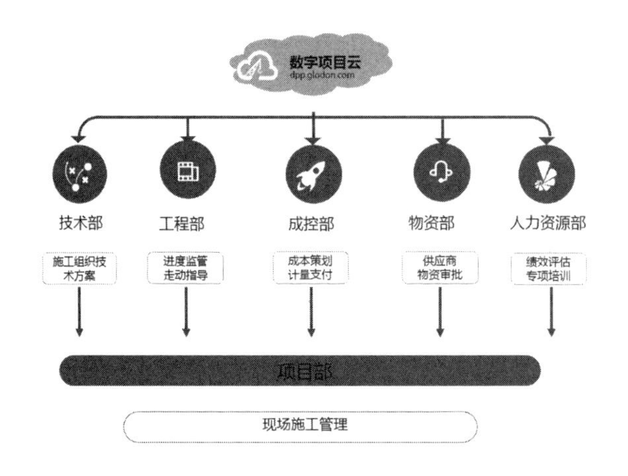

大后台，小前端

历史项目的积累，企业部门能力加强

转变大后台、小前台的赋能型组织

图 8 变化 2: 由管理到赋能

（三）价值链维度

施工企业的总体利润率在 3.5% 左右，其中大型央企和地方建工企业的利润率为 1% ~ 2%，施工企业处于整个价值链微笑曲线的低端。如何提升价值链位置是施工企业面临的核心问题。部分企业转向多元化，把施工得到的资源去做地产开发等行业，这对于提升施工主业的核心竞争力并没有帮助。

数字化给施工企业提升价值链中的生态位带来两种可能性：（1）能够将施工企业的建造技术、管理能力沉淀到数字项目管理（BIM+ 智慧工地）平台中，提升自己的核心竞争力，从而提升其在生态链中的议价能力。（2）通过数字项目管理（BIM+ 智慧工地）平台将建造过程标准化及数字化，并通过云服务将建筑生态中的行业管理部门、建设企业、设计院、材料和劳务供应商链接到一起，一方面创造出更多的给建设方与供应商的服务，另外一方面，数字项目管理（BIM+ 智慧工地）平台明确定义了建造的内容、技术标准、时间、质量标准，可以将更多的建造服务分包给合作伙伴。

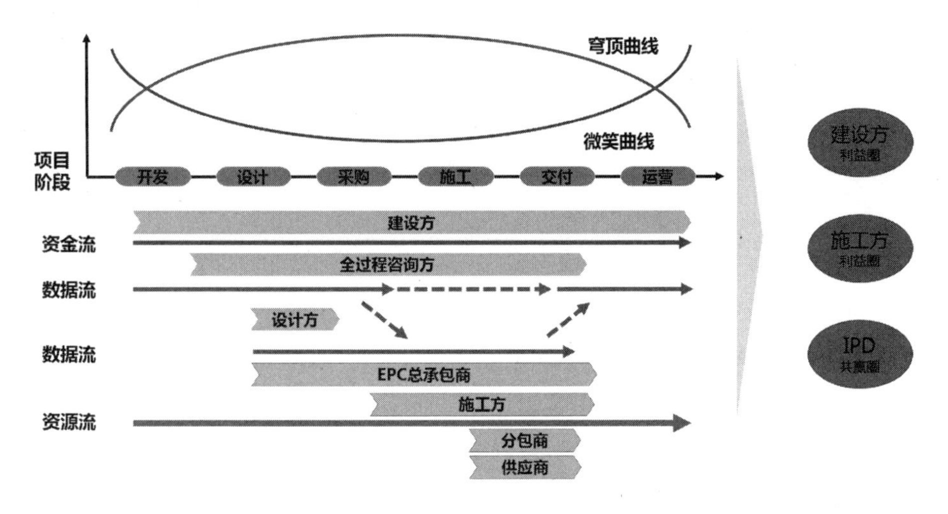

图 9 数字化让微笑曲线变穹顶曲线

我们认为转型更核心的是通过数据流形成两个价值圈。第一个价值圈是建设方围绕着资金流，与咨询方和设计方形成。比如在将来数字化的社会里面，全过程会变得更加重要，很多建设方没有数字化的能力，这时候需要一个全过程的咨询方来帮助他们提升对数字化的掌握。第二个价值圈是施工方和相关分包方、供应商。传统情况下主要是围绕现场资源流展开工作，对工程建造信息了解最深。这两个价值圈的区别在于甲方价值圈里面主要是围绕着项目阶段微笑曲线一前一后两个数据，而施工方主要掌握整个施工阶段数据。两个价值圈本质上是交付模式和信息掌握的竞争。如果有一方将数据统一，就能掌握更大的话语权，那么其价值链将会得到提升。

在这一方面，建设方已经在行动，例如万达的总发包平台、绿城 BIM 设计施工一体化平台、碧桂园 BIM 一体化平台和景瑞地产的 BIM 空间定制平台等。以万达举例，万达总发包平台，包括万达自己、工程总包、设计总包和监理单位，使用同样一套模型和同样一份信息来管理工程。模型背后各种数据是该系统里最核心的内容。模型给万达原有的设计、计划、质量和成本四大系统做赋能，大家围绕同样信息来工作。在设计方面万达建了大概 1000 个图库，有 12 套标准模型。在计划管理方面，万达有 300 个管控节点形成非常清晰的计划管理模块。在成本管理上，万达 1000 个族库的背后套进了万达自己的清单，理论上建完模稍微调整后，合同造价基本形成，这被叫作清单自动化。对于质量安全的管理，在系统里面预算规则，执行的时候把问题采集上来，系统会进行自动化的分析。

建设方的目的并不是为了取代施工方，但信息掌握得越多自然而然主动性就会加强。当施工企业将数据统一，掌握更多话语权，一方面提升主导性，另一方面也会给业主创造更多的新服务。比如把信息开放给业主方，让业主方更好地了解管理过程，则施工企业的价值链将会得到提升，微笑曲线变为穹顶曲线。

将三个维度统一来看，施工企业数字化转型具有效率和链接两种属性，其价值在于提高建造效率，进行资源整合，掌握信息主导权。

数字化转型的两项工作

上文深入探讨了数字化转型的三个维度，探讨了项目建造的过程、内部组织的管理和价值链提升方面的价值。而企业为了实现数字化转型，需要完成以下两项重点工作：IT 系统的建设和管理制度的变革。

（一）“T”形 IT 系统的建设

数字化应该建立什么系统？数字化系统与原有的企业各个信息化系统，包括项目管理系统是什么关系？是需要完全推倒重建？还是可以扩展？

广联达新建造研究院的观点是数字化系统是一个“T”形的系统。“T”的一横是面向企业各部门流程式的企业管理系统，包括商机管理系统、经营管理系统、财务管理系统、工程管理系统，人力资源管理系统等等，这些系统把企业各个部门的工作流程标准化并信息化。

“T”下面一竖是面向项目管理的数据式系统，也是数字化系统最重要的部分。该系统分为项目级系统和企业多项目大数据平台两个部分。项目级系统是项目管理的数字化过程，主要分为三部分：（1）建筑的数字化，利用BIM技术实现建筑物实体的数字化；（2）生产要素的数字化，利用IOT技术采集现场发生的人、机、料的数据，劳动力进出场的数据，物料进出场的数据等等；（3）管理过程的数字化，就是进度、成本、质量安全这些过程中的数据如何采集。所有数据汇总上来形成企业的大数据平台，支撑合同的分析以及过程生产的管理、指标的管理、成本的分析和控制等工作。

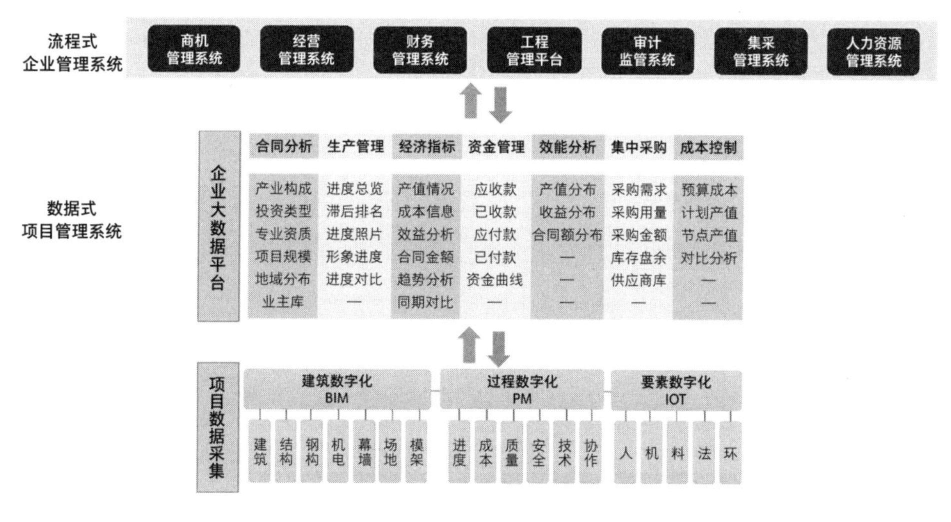

图10　“T”形双系统架构

数据系统和流程系统相互连通，给原有流程系统赋予更多的能力。比如原有的集采系统，可以从项目级系统获取每个项目的物资需用计划，形成集采计划；财务系统在处理分包付款时，可以获取项目级系统提供的该分包的合同、支付条件，以及该分包完成的工程量、质量、返工情况、扣款情况，通过完整的数据实现业财一体化以及资金风险的控制。

在企业做数字化转型的过程中常见三种误区：（1）第一个误区是完全放弃原来企业的系统去重建。企业流程的标准化、信息化是一个系统工程，除了系统建设，流程的标准化、人员培训及学习成本都是需要考虑的因素。通过“T”形系统，原有企业系统并不会被放弃，而是通过主数据统一、业务数据接口打通融入新的系统中。（2）第二个误区是认为数字系统是可以通过企业系统简单的延续得来，比如给原有系统增加移动应用 APP 就可以解决问题。数据系统的建设思路与流程系统不同，数据系统是围绕数据的产生、管理与应用的系统，在采集上并不是只追求完成与流程严谨，而是追求应用落地，产生真实数据；在数据管理上，数据系统建立数据的主数据系统，并对业务数据进行合适的存储与应用管理，选择合适的数据库技术。一个典型例子是 BIM、GIS、物联网的数据，其处理和存储技术和流程系统完全不同，在应用上，通过 BI、移动端推送到合适的使用场景，并逐步积累数据资产。因此，流程系统和数据系统的建设思路不同，并不是简单的延续。（3）第三个误区是容易低估操作层和管理层的阻力。数据系统将会下沉到项目的各个操作层人员，当一线施工员、质量安全员等对数字化没有较高认识的时候，让其改变工作方式经常会碰到障碍。

“T”形系统的建设存在个性化需求和标准化供给之间的矛盾。首先项目管理是复杂业务，包含技术、进度、成本 、质量、安全、劳务、物料等内容，又有集团、企业、项目等多个层级的划分。其次，每个企业有它的个性，项目承接和激励管理模式以及劳务、物料管控力度都不同。第三，目前 BIM、IOT、移动互联网、云等新技术迭代非常快，现场又难以形成标准化管理流程，因此数字系统的建设是个性、复杂的。施工企业通常通过三种方式来建立系统。第一种方式是企业自己研发，这种模式和企业业务高度匹配，但云、BIM、物联网等核心技术一般难以获取，并且软件研发关键人才在施工企业内的发展空间不足，容易流失。第二种方式是找中小厂商定制，但各个厂商难以建立统一标准，数据难以集成，并且核心技术、软件交付产品的质量无法得到保障。第三种是采购标准的产品，这种模式交付质量较高，但标准产品和企业自身业务匹配度低，难以解决最后一公里问题，同时也难以融合到企业原有系统中。

面对这些问题，平台加生态合作的方式是新的解决方案。由大型软件公司提供集成 BIM、IOT、移动互联网、应用平台等的关键技术，并将核心能力封装对外提供，为企业或者第三方的合作伙伴根据企业需求进行二次开发，更好地匹配企业的个性需求。广联达在 2019 年 6 月青岛召开的建筑行业峰会上发布的“数字项目管理（BIM+智慧工地）平台”即是围绕这个思路建设的平台。

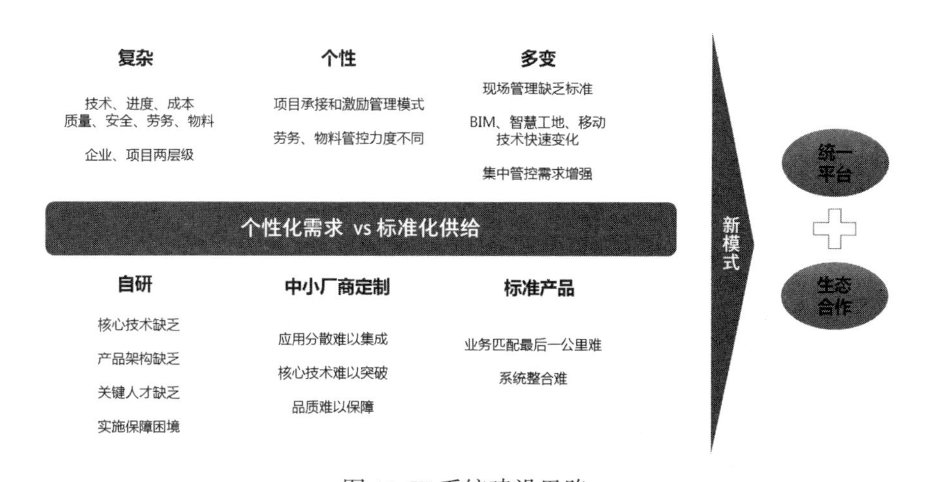

图 11 IT 系统建设思路

（二）管理制度的变革

数字化转型的第二项重点工作为企业制度管理变革。数字化带来信息的透明，需要有新的制度来适应这种变化，从而实现数字化转型。

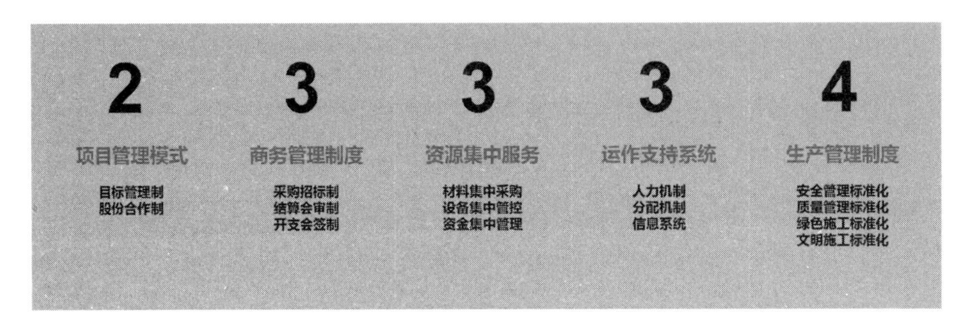

图 12 信息透明带来制度变革

这个变化包括项目管理模式、商务管理制度、资源集中服务、生产管理制度以及运作支持制度等几个方面。

第一个方面是项目管理模式需要发生变化。企业直管的项目会用目标管理，而联营挂靠的项目需要转型为股份合作制的方式，这一变化主要解决利益的打通，利益打通项目经理才有意愿把信息透明地公布给企业。

第二是商务管理制度的变化，如采购招标制、结算会审制、开支会签制等。如分包开支，不管是项目经理还是公司财务部、商务部，都知道分包单位过去做了哪些工作，质量安全做得怎么样，这会对商务制度管理产生很深的影响。

第三是资源的集中服务，包含材料集中采购、设备集中管控和资金集中管理。因为企业对项目材料与资金的使用非常了解，集中管理的效果会更高。

第四是运作支持系统的变化。人力资源管理、分配机制与信息系统都会发生很大变化。

第五是生产管理制度的标准化，包含安全、质量管理标准化和绿色、文明施工标准化。例如安全巡检 APP 的使用。

数字化转型的节奏和策略建议

在清晰了数字化转型所包含的三个维度，了解了数字化转型需做的两项工作之后，数字化转型究竟要如何落地，其策略和路径又是怎样的呢？

广联达认为数字化转型实施分为三个层面：第一是战略层面，数字化不是一个简单的提升效率的动作，它是转型升级的目标，需要高层有很清晰的愿景、战略和目标。第二个层面是在组织上应有核心的支撑，核心团队对数字化要背负责任，注重贯穿整个业务过程的用户和客户体验，建立正确的组织、环境和赋能体系。第三个是执行层面要建立一个长期的技术和数据架构，进行适当水平的投资，设计一个把愿景落地的沟通计划等。

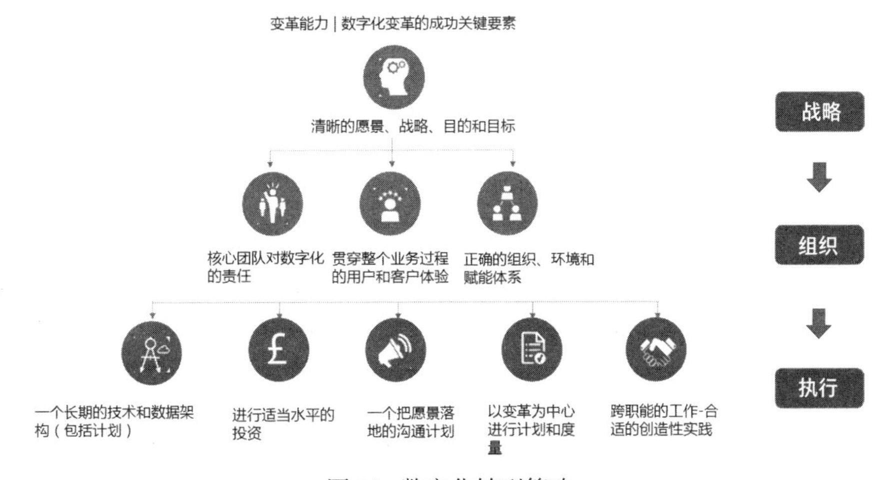

图 13 数字化转型策略

关于实施的路径，我们建议从下到上，由数字化岗位到数字化项目，再到数字化公司。第一阶段数字化岗位，把现场各个终端的触点不断地深化；第二阶段也是最难的阶段——数字化项目，将要素数据整合，深入生产过程中做过程管理；第三阶段是当大量项目实现数字化之后，上升到公司层面，做组织流程的变革和管理机制的变革。

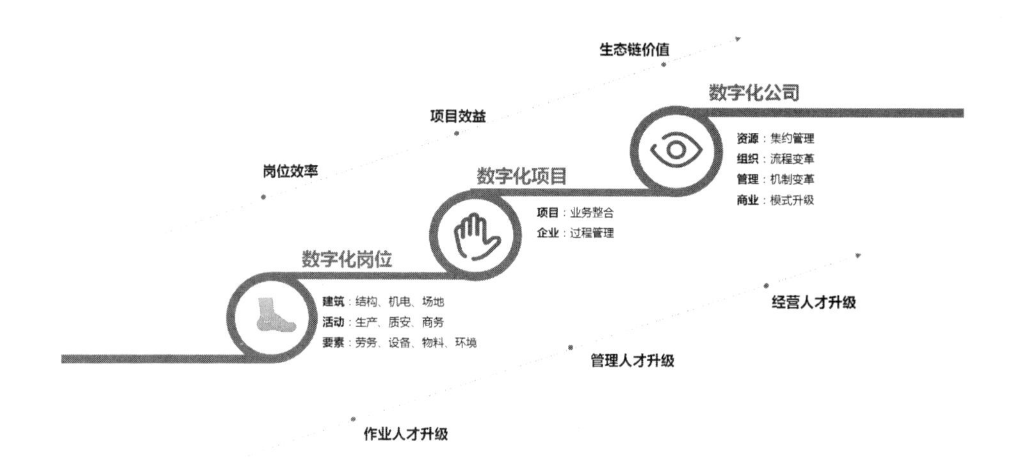

图 14 实施路径

实施路径三个阶段的价值并不相同，第一阶段提升单岗位的操作效率，第二阶段提升项目的效率，第三个阶段提升生态链价值。据判断，目前很多施工企业正处于第一阶段并准备往第二阶段发展的状态。此时注意眼睛要看到数字化公司转型升级的方向，立足于数字化岗位，踏踏实实把每一个终端数据用起来，并着手做项目的数字化。

从传统到数字，创造施工企业的全新未来，不是突然颠覆的过程，而是一个逐步转变的过程，需要有明智的策略、科学的节奏、先进的技术，也要有足够的耐心。

第二节 数字科技催生行业数字化变革，赋能数字化转型

数字技术与管理相结合，助力建筑业数字化转型。在技术大力发展的今天，在更为清晰的测量和地理定位技术、BIM5D 技术、数字协作与移动化技术、物联网高级分析等技术驱动下，只有将 BIM 技术以及“云、大、物、移、智”等技术与管理联动起来，才能真正实现建筑施工企业，包括行管部门的数字化转型。那么数字化技术如何与管理结合起来呢？建筑实体、管理过程、生产要素是工程施工数字化即数字建造的三要素。建筑实体的数字化是通过 BIM 技术打造的虚拟模型。管理过程的数字化是通过数据智能 AI 技术进行进度管理、质量管理、安全管理和成本管理。这个管理和过程的管理，比如，一个企业将 500 个项目分为 7 个节点管控，在公司总部能看到所有项目中任何一个出问题的节点，同时跟成本、OA、财务、集采等系统挂接起来。生产要素的数字化，是通过 BIM 技术和物联网技术实现“人、机、料、法、环”等要素的数字化，从而避免数据的填报，保证数据的及时与真实透明。那么数字技术与管理结合采用什么样的方式比较好呢？我们认为通过数据平台，做到建筑实体、智能管理、资源配置、项目管理、现场作业等各层次的数字化，最后达到数据驱动管理决策，是一个比较合理的数字化转型整体解决方案。

数字化技术不仅能在管理上赋能建筑业数字化转型，在具体的项目实施中也能发挥重要作用，如自动化与机器人技术。自动化与机器人技术是建筑施工未来发展的重要方向，但是目前其在施工现场的应用水平依然较低。我们这里给出的建议是优先发展高空作业安全保护、机械与设备安全监测、钢结构相关操作、预制构件安装、外立面建造与维护以及施工质量检测。

赋能建筑行业，数字技术与管理联动是关键

汪少山

广联达科技股份有限公司副总裁

近几年，中国建筑行业由持续了二三十年迅猛发展阶段迅速进入缓慢增长期。理论研究表明，社会的进步和企业的发展，资源、管理、技术是关键要素。在过去的建筑业中，这三个要素的比重为：资源占60%，管理占30%，技术占10%。当产值走向平稳或者缓慢增长时，资源占比下降，行业对管理和技术的诉求上涨。

中国建筑行业近几十年的高速发展，从技术上来讲经历了多次信息化浪潮的变革，我们将其总结为“两次半”。第一次是指设计阶段的“甩图板”，第二次是指招投标阶段的甩“计算器”，而“半次”事实上指的是项目管理的信息化。之所以说是“半次”，因为它更多实现的是自上而下的规划、要求，是无纸化办公的进步，但自下而上的数据填报没有打通数据流。真正的企业信息化管理，一定要做到数据的及时透明有效。因此，建筑业缓慢增长期的严峻形势要求尽快完成第三次信息化变革的下半场工作——数字化转型。

从无纸化办公转变为数字化办公，需要“BIM+云、大、物、移、智”等几种核心数字技术的支撑。完成数字化转型后，大量数据积累以及云计算和机器自学习，

才会带领智能时代的到来。这是IT技术为建筑施工行业赋能的理想前景。事实表明，现在建筑业进行数字化转型正当时。

建筑业数字化转型迫在眉睫

为什么现在是建筑业进行数字化转型的恰当时间？首先要了解宏观的背景。

(一)行业背景

目前，整个建筑业的背景急需数字化转型。当前，我国的建筑业具有三个显著的特征：老龄化严重、死亡率居高不下、环境破坏严重。随着全球进入老龄化社会，中国也告别人口红利时代，逐步跨入老龄化，但建设行业又恰恰是一个用工数量庞大的行业，这大大提高了用工成本。建筑业死亡率居高不下是一个沉重话题，在美国建筑业死亡率在全行业居首位。而环境破坏方面，调查显示，建筑垃圾占城市垃圾的40%，建筑业能耗占全行业的1/3以上，碳排放占全世界的8%。

（二）技术驱动

行业背景之后，是技术发展的驱动。这里可以借鉴参考麦肯锡提出的五类技术：

第一个是更为清晰的测量和地理定位。激光雷达和实时动态GPS系统现在已经很容易获得，航拍测绘也越来越成熟。一系列新技术未来对建筑实体测绘是非常之有意义的。

第二个是下一代5D建筑信息模型技术，即BIM5D。BIM技术从定义上来看有两个属性：其一是模型，模型解决了空间问题，从二维升级为三维；其二是信息，也是更为重要的属性，模型上承载的信息才是BIM技术的应用。建筑信息模型真正实现多方协同，设计、建筑施工、运维“一模到底”。

第三个是数字协作和移动化。流程数字化意味着可实时分享信息，以确保透明度和协作、及时的进展和风险评估以及质量控制，从而实现更好和更可靠的结果。比如，在一个 BIM 模型上出现多方设计、协同、办公的场景，工地劳务工人会通过安全帽记录全部动态。

第四个是物联网高级分析。随着人员、施工设备的大量使用，以及同时进行的工作量的增长，项目现场越来越密集，并产生大量的数据。在一个建筑工地，物联网将允许施工机械、设备、材料、构件，甚至是模板，与一个中央数据平台“对话”，以获取关键的性能参数，监控员工和资产的生产率和可靠性。

第五个是预知结构转入下一代技术，打造不会过时的设计和施工。当前，大约 80% 的建设工作仍在施工现场进行，但许多开发商和承包商正在部署新的非现场施工方法，以提高施工可预测性、一致性和可重复性，同时解决施工空间紧缩、劳动力短缺以及更严格的安全和环境标准等问题。其中，预装配、3D 打印、机器人建设等已经有很大发展。

（三）管理驱动

管理上提出了精益建造理念，核心是避免浪费。避免“人、机、料”等各个要素的浪费，才能保证项目利润最大化。正如前文所讲，随着产值走向缓慢增长，建筑业发展只能向技术和管理要效益。由此看来，避免浪费的背后，就是怎样利用技术手段帮助管理做到精细化，落脚点是技术。

（四）政策导向

精益管理以外，政策所释放的信息也为行业发展指明方向。近年来，多个核心政策都在表明政府对建筑业数字技术的重视程度越来越高，所有政策指向也都为施工企业创造了好的条件和机会。如：

2017 年 2 月 24 日，《国务院办公厅关于促进建筑业持续健康发展的意见》强调：加快推进建筑信息模型（BIM）技术在规划、勘察、设计、施工和运营维护全过程的集成应用，实现工程建设项目全生命周期数据共享和信息化管理。

2018 年 1 月 7 日，《国务院办公厅关于推进城市安全发展的意见》指出：加强城市安全监管信息化建设，加快实现城市安全管理的系统化、智能化。

2019 年 2 月 15 日，《住房和城乡建设部工程质量安全监管司 2019 年工作要点》提到：稳步推进城市轨道交通工程 BIM 应用指南实施，加强全过程信息化建设。

2019 年 2 月 17 日，《关于印发建筑工人实名制管理办法（试行）的通知》中表明：要通过信息化手段将相关数据实时、准确、完整上传至相关部门的建筑工人实名制管理平台。

2019 年 3 月 5 日，国务院总理李克强在《2019 年政府工作报告》中明确提出：全面推进“互联网 +”，运用新技术新模式改造传统产业，打造工业互联网平台，拓展“智能 +”，为制造业转型升级赋能。

技术的变化，一定会推动行业的进步。但是做早了可能会成为“先烈”，做晚了可能被社会淘汰。现阶段，行业形势严峻，科学技术的发展、管理思维的进步和政策的导向都在表明，建筑业数字化转型就在当下。

数字建造将技术与管理结合，加速数字化转型

前两次信息化变革中的算量软件、设计软件等解决了岗位工具的应用，提升了单个岗位效率。后半次变革实现无纸化办公，打通了合同审批、流程审批、费用审批等软流程。到了技术大力发展的今天，把 BIM 技术以及“云、大、物、移、智”等技术与管理相联动起来，才能真正实现建筑施工企业包括行业管理部门的数字化转型。

（一）工程施工数字化三要素

在广联达看来，建筑实体、管理过程、生产要素是工程施工数字化即数字建造的三要素。

建筑实体的数字化，是通过BIM技术打造虚拟模型。像商业地产等复杂工程中，一定要先模拟整个施工现场，再具体去施工，减少后期很多问题。装配式应在工厂生产之前做施工模拟，以保证所有的构件的精准。

管理过程的数字化，是通过数据智能AI技术进行进度管理、质量管理、安全管理和成本管理。这个管理是过程的管理。如，一个企业将500个项目分为7个节点管控，在公司总部能看到所有项目哪一个节点出问题，同时跟成本、OA、财务、集采等系统挂接起来。

生产要素的数字化，是通过BIM技术和物联网技术实现“人、机、料、法、环”等要素的数字化，从而避免数据的填报，保证数据的及时、真实、透明。要素的数字化是后面更多数据的来源。

（二）数字建造解决方案理念

在我们看来，数字建造解决方案，能够按照计划、模型、构件、任务的线索，通过数字技术分别解决三个层次的能力。首先是施工项目精益管理能力。PM+，实现从计划、执行、检验到优化形成效率闭环和智能化的管理。然后是建筑生命周期管理能力。BIM+，实现数字化空间结构，且叠加数字化过程时间维度，形成动态丰富的数字模型和应用。最后是工地信息集成管理能力。“IOT+”，就是建立泛在联接的数字端和标准，汇聚项目海量数据，分析和演化项目管控优化算法。这几项技术联动，才能产生真正的数字化的项目以及数字化的企业。

（三）数字项目的内涵

项目的数字化包含作业管理和项目管理两层。作业管理主抓效率，项目管理主抓效益。在作业管理层要实现建筑实体、作业过程、要素对象的数字化，数据实时采集，保证真实和透明。

这些数据向上传输形成项目数据中心，支撑组织管理的数字化，打通技术、生产、商务三线。根据项目数据中心的大数据可以形成项目看板，为项目管理层全面获悉项目信息提供快捷方式，而经过AI技术分析的数据形成了真正的数据智能。

（四）数字化的转型要兼顾点、线、面、体

以上只是从单项目的数字化来约略讲数字技术和管理的结合。由于不同企业的现实状态不同、规模不同，管理水平和模式差异大，数字技术的应用也不尽相同。管理与数字技术的结合是一个系统工程，在实践过程中要逐渐完成点、线、面、体的价值实现。

“点”，即人员、机械、物资、安全、进度、造价等单岗位工作的数字化。

“线”，即项目管理生产、商务、技术等各条线的数字化。以此三线为主，整合各岗位，实现从设计、建造到运维的全过程数字化建设。线的数字化通过BIM信息打通PDCA循环，形成严谨可靠的计划管理、及时完整的跟踪管理、高效便捷的生产协作和有理有据的分析决策，以达到最后企业的全面动态管控。

“面”，即项目、企业、行业的数字化。利用数字技术将项目、企业和行业层面的各条线打通，从而实现横向的价值链整合，助力企业经营水平提升。

“体”，即真正的数字建筑。点、线、面的数字化，最后互相连接形成了建筑业的“体”，而要实现“体”，就需要产业协同的不断创新与生态体系的深度融合。

这些“协同面”互相交错融合，推动了产业经济的不断升级，形成新型经济体，实现建筑业全生命周期、全企业、全行业乃至全社会的生产要素的数字化变革，进而实现真正的数字建筑业。“数字建筑”是建筑产业转型升级的核心引擎，要通过软件和数据打造数字化的生产线，把建筑业提升到现代工业级的精细化水平。

数字化转型的路径建议

在数字化推动过程当中，很多企业都会遇到困难或挫折，也就免不了质疑、反对和犹豫。所以说，新技术落地不光是技术本身的问题，更是管理的问题。技术变革一定要与管理变革相关联。转型核心是企业要有变革能力：高层有清晰的愿景、战略、目的和目标；然后是核心团队对数字化的责任，贯穿整个业务过程的用户和客户体验，正确的组织、环境和赋能体系；再往下是一个长期的技术和数据结构，进行适当水平的投资，一个把愿景落地的沟通计划，以变革为中心进行计划和度量，跨职能的工作以及合适的创造性实践。

（一）数字化转型解决方案

我们认为通过数据平台，做到建筑实体、智能管理、资源配置、项目管理、现场作业等各层次的数字化，最后达到数据驱动管理决策，如此便是一个比较合理的数字化转型整体解决方案。但这不是一蹴而就的，变革过程需要人才的培养、工地的应用以及标准的建立，同时数字化转型解决方案要适应企业自身情况才能真正落地。根据经验这可能需要 3 ~ 5 年时间。

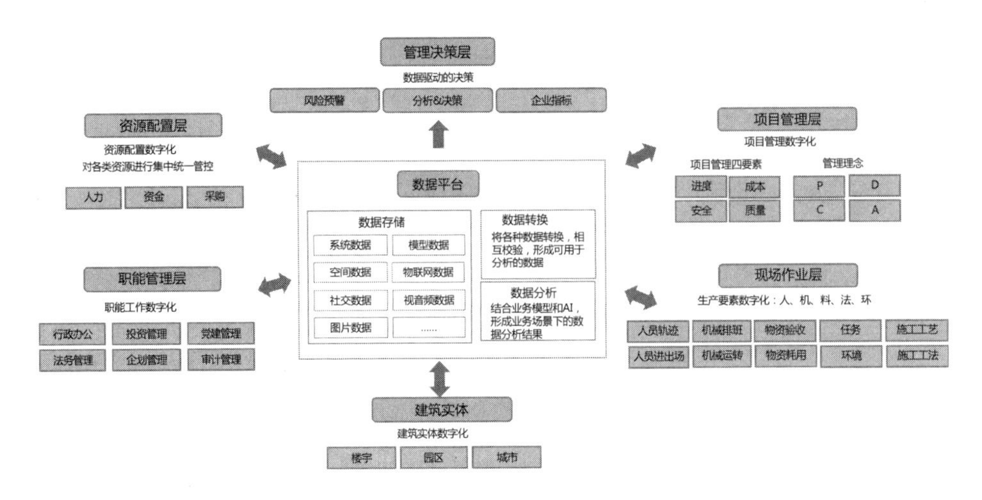

图 1 数字化转型解决方案

（二）业务架构

施工企业的数字化转型核心围绕数字化展开，所有的作业过程应都能够实现数字化，作业数据能够有效采集，并结合施工业务建立符合管理要求的系统化管理平台，不断积累数据，通过数据分析模型，实现对项目的智能分析决策。

企业和项目是数字化转型的两个层次，应在这两个层次中建立以数据为中心的业务管控平台和分析决策系统。业务平台和决策系统的建设，数字化是基础，对作业的全面数字化，能够实现对作业过程的全面记录和对数据的有效采集与追溯；系统化是核心，解决信息孤岛，打通和建立系统 / 数据间业务关系，依据管理需求建立各类系统化平台，实现对项目的高效管理；智能化决策是数字化转型的目标，在作业全面数字化和管理系统化以后，通过海量数据，在有效的业务分析模型下，实现对项目的智能决策。

（三）技术架构

我们的数字化管理平台包含了技术平台、数据平台和基础服务平台。从 2002 年开始，广联达专注底层图形技术的自主研发 10 余年，集合了物联网技术、大数据、BIM 以及人工智能技术的技术平台，为整个数字施工解决方案提供了技术保障。同时，还开放了 BIM FACE 图形平台，来支撑整个技术架构。另外，基于统一的数据平台和基础服务平台开发的应用，打通了项目和企业间的数据流通，并使之高效传递。

数字项目提供了技术、生产和商务各专业的协同应用与数据管理，项目管理层可以通过项目 BI，实时了解项目动态，及时管控，做到协作执行可追溯、管理信息零损耗。企业层的经营管理数据及非经营管理数据，协同办公等职能管理数据可以通过企业级 GEPS、集采、履约管控、工作协同管理等软件采集。数据通过企业 BI 传递给决策层，结合企业的工法库，在有效的业务分析模型下，实现对项目的智能决策，做到决策过程零时差。

在数字化转型解决方案落地时，数字化是基础，系统化是核心，最后才能实现智能化的目标，广联达要为施工企业的数字化转型提供一站式服务。

（四）实现路径

建筑施工企业的信息化变革和数字化转型经验有成功，也有失败。归纳起来，正确的建设策略有以下四点：第一是一定要明确方向，真正与企业的战略相匹配；第二是实现自上而下设计，结合企业的现状去落地；第三是分阶段去推进，与企业战略的推进节奏相匹配，以价值为出发点；第四是自下而上实施，首先解决项目的数字化。

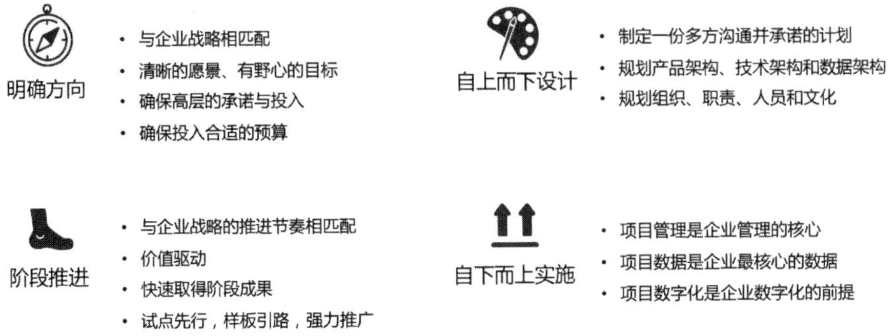

明确方向
· 与企业战略相匹配
· 清晰的愿景、有野心的目标
· 确保高层的承诺与投入
· 确保投入合适的预算
自上而下设计
· 制定一份多方沟通并承诺的计划
· 规划产品架构、技术架构和数据架构
· 规划组织、职责、人员和文化
阶段推进
· 与企业战略的推进节奏相匹配
· 价值驱动
· 快速取得阶段成果
· 试点先行，样板引路，强力推广
自下而上实施
· 项目管理是企业管理的核心
· 项目数据是企业最核心的数据
· 项目数字化是企业数字化的前提

图 2 数字化转型实现路径

广联达在行业内进行多年信息化探索，研究如何真正将 IT 技术与工程建设业务连接起来，帮助施工企业不断地去成长、进步和突破。现在，可以确信地说：新的时代来临，赋能建筑行业的关键是数字技术与管理的联动。数字化转型的背后，诞生的是基于新技术的新型项目管理。趋势已经清晰，路径也几近明确，谁能抢占变革的先机，谁就将领先行业。

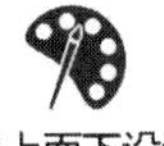

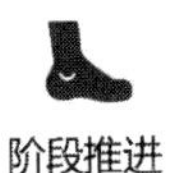

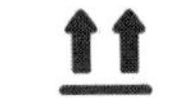

高层建筑施工自动化与机器人应用的优先发展方向与关键挑战

蔡诗瑶　马智亮

清华大学土木工程系

生产效率低、工作环境恶劣和安全事故多发是建筑施工中普遍存在的问题。同时随着社会老龄化，现场施工的劳动力成本也在迅速增长。近年来，高层建筑数量的快速增长，对施工劳动力的数量提出了更高的需求，同时，大量的高空作业也带来了更多的安全隐患。实践表明，传统的施工方法已无法满足建筑行业不断增长的需求，通过应用先进技术，降低劳动力成本、减轻施工劳动强度、提升施工现场的安全水平，已成为国内外建筑业的普遍共识，而利用自动化与机器人技术替代人工劳动力则是一个可行的方向。

自 20 世纪 80 年代以来，建筑施工领域出现了大量关于自动化与机器人技术及其应用的研究，且已有不少研究成果在实际项目中得到了验证，或转化为商业产品。还有不少研究专门对机器人进行人体工学分析、经济性分析、应用障碍因素分析等，并建立了决策框架，希望以此推动自动化与机器人技术的应用落地。然而，经过 30 多年的发展，自动化与机器人技术在实际工程中的应用水平依然很低，且尚未形成有效的推广机制。

针对上述问题，本文旨在通过问卷调研和国际专家研讨会，确定高层建筑施工自动化与机器人技术应用的优先发展方向与关键挑战，为该领域未来的发展提供参考。下文首先介绍了研究方法，接着对问卷调研的前期准备工作、开展过程和结果进行了展示，然后对国际专家研讨会的过程和结果进行了说明与分析，并为未来的研究和应用提出了建议，最后进行了总结。

研究方法

施工自动化与机器人技术应用的直接参与方包括：研究人员、机器人或自动化设备供应商（以下简称“机器人供应商”）和施工单位。一般情况下，研究人员对知识和技术进行基础性研究；机器人供应商根据研究成果生产和销售机器人；施工单位应用机器人进行实际施工。三方的职责可能存在部分重叠。如，机器人供应商可独立进行研究，施工单位也可自行研发机器人和自动化设备。

因此，要确定高层建筑施工中自动化与机器人的优先发展方向与关键挑战，需要三方的共同参与和努力。确定优先发展方向时，应考虑市场的需求和技术可行性。其中，市场需求可由具有丰富现场经验的施工专家进行评价，技术可行性可由研究人员和机器人供应商进行判断。而确定关键挑战时，由于三方各自受到不同影响因素的制约，需要三方共同交流。

根据上述分析，本研究采用了图1所示的研究方法，首先通过文献调研和头脑风暴，初步形成了需求和影响因素的列表，接着对施工单位进行问卷调研，由施工单位的专家对其进行打分，从实际施工的角度全面了解需求和影响因素，然后开展国际专家研讨会，由各方进行共同讨论。

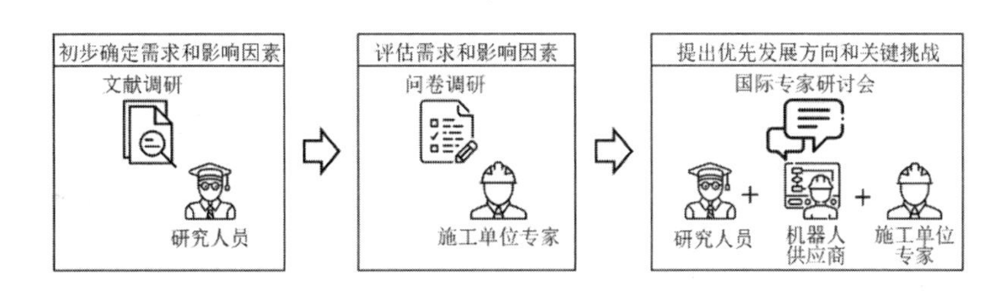

图 1 研究方法

高层建筑施工自动化与机器人技术应用的需求与影响因素

（一）需求与影响因素的初步确定

在问卷调研前，首先通过文献调研和头脑风暴初步确定需求和影响因素。根据《建设工程分类标准》GB/T 50840—2013，建筑工程可分为地基与基础工程、主体结构工程、建筑装饰装修工程等。在确定需求时，我们根据高层建筑的施工特点，并参考现有的施工自动化与机器人方面的文献综述，分别针对每类工程进行头脑风暴，提出可能的需求。在对影响因素进行文献调研时，检索的主题不仅限于施工自动化与机器人技术，还包括 BIM 等其他信息技术在施工中的应用，因为这些技术在应用时往往受到类似因素的影响。下文的表 2 和表 3 分别是初步确定的需求和影响因素。其中，平均值和排名是后续问卷调研的结果，将在后文进行讨论。

（二）需求与影响因素的评价

本研究通过网络问卷的方式进行调研。问卷包括四个部分：第一部分介绍了研究目的以及研究人员的联系方式；第二部分是受访者及其所在企业的基本信息；第三和第四部分分别列出了初步确定的需求和影响因素，并采用李克特五级量表，请受访者评价各个需求和影响因素的重要性（用 1 ~ 5 表示，1 表示非常不重要，5 表示非常重要）。

本次调研主要面向国内高水平施工单位，因为这些企业拥有更丰富的资源，是自动化与机器人技术的应用的潜在对象。问卷发放采用电子邮件和短信的方式，发放对象为中国建筑业协会和中国土木工程学会专家数据库中的专家。问卷调研从 2018 年 6 月开始，至 8 月结束，在 3 个月中，共发出问卷 795 份，获得有效问卷 108 份，回复率为 13.6%。

受访者及其所在企业的基本信息如表 1 所示。受访者的职务和工作年限表明他们普遍具有丰富的施工经验，且他们的意见能在一定程度上影响所在企业的未来发展决策。受访者所在企业的规模覆盖了大、中、小型企业（大 42.6%、中 42.6%、小 14.8%），且分布在全国各地（华东 37.0%、华北 26.9%、华南 15.7%、华中 7.4%、东北 5.6%、西北 3.7%、西南 3.7%）。大多数企业具有施工总承包（92.6%）、钢结构工程专业承包（69.4%）、地基基础工程专业（63.0%）、装饰装修工程专业承包（67.6%）的特级或一级资质，体现了较高的专业水平。另外，94.4%的企业有应用 BIM 的经验，其中相当一部分还应用过物联网、大数据、人工智能以及自动化与机器人技术，体现了这些企业对新技术应用的积极态度。根据上述分析，可以认为参与本次调查的企业是国内施工自动化与机器人技术未来应用的潜在用户。值得注意的是，虽然有 90.7%的受访者认为有必要在高层建筑施工中应用自动化与机器人技术，但只有 18.5%的企业对此有明确的计划。

需求和影响因素的评价结果如表 2 和表 3 所示。需求的平均得分范围为 3.15 ~ 4.36，影响因素的平均得分范围为 3.30 ~ 4.41。排名前 10 的需求和影响因素用星号（*）标出。

受访者个人及所在企业的信息 **表 1**

<table>
<tr><th colspan="2">受访者</th><th>N</th><th>%</th><th colspan="2">所在企业</th><th>N</th><th>%</th></tr>
<tr><td rowspan="4">职务</td><td>总工程师 / 副总工程师</td><td>53</td><td>49.1</td><td rowspan="4">企业规模（员工人数）</td><td>小型企业（<600 人）</td><td>16</td><td>14.8</td></tr>
<tr><td>总经理 / 副总经理</td><td>12</td><td>11.1</td><td>中型企业（600–3000 人）</td><td>46</td><td>42.6</td></tr>
<tr><td>技术负责人</td><td>31</td><td>28.7</td><td>大型企业（>3000 人）</td><td>46</td><td>42.6</td></tr>
<tr><td>其他</td><td>12</td><td>11.1</td><td>—</td><td></td><td></td></tr>
<tr><td rowspan="6">工作年限</td><td>< 5 年</td><td>6</td><td>5.6</td><td rowspan="6">曾在项目中应用过的技术</td><td>BIM</td><td>102</td><td>94.4</td></tr>
<tr><td>5–10 年</td><td>14</td><td>13.0</td><td>物联网</td><td>43</td><td>39.8</td></tr>
<tr><td>11–15 年</td><td>7</td><td>6.5</td><td>大数据</td><td>34</td><td>31.5</td></tr>
<tr><td>16–20 年</td><td>11</td><td>10.2</td><td>人工智能</td><td>26</td><td>24.1</td></tr>
<tr><td>21–25 年</td><td>23</td><td>21.3</td><td>自动化与机器人</td><td>26</td><td>24.1</td></tr>
<tr><td>> 25 年</td><td>47</td><td>43.5</td><td>—</td><td>—</td><td>—</td></tr>
<tr><td colspan="2">认为高层建筑施工中有必要应用自动化与机器人技术</td><td>98</td><td>90.7</td><td colspan="2">有关于自动化与机器人技术应用的明确计划</td><td>20</td><td>18.5</td></tr>
</table>

初步确定的需求及问卷调研的评价结果 **表 2**

需求	平均值	排名	需求	平均值	排名
1. 土方挖掘	3.26	18	*11. 外墙涂饰	3.67	9
2. 物料及设备的水平运输	3.54	12	12. 地面铺砖	3.53	14
*3. 物料及设备的垂直运输	3.85	5	13. 混凝土表面处理	3.54	13
*4. 钢结构焊接	4.36	1	14. 吊顶安装	3.25	19
*5. 钢结构安装	3.67	9	15. 轻质隔墙安装	3.29	17
*6. 钢结构涂装	3.98	3	16. 门窗安装	3.15	20
*7. 钢结构内力与变形监测	4.29	2	17. 原材料质量检测	3.52	15
*8. 预制构件安装	3.81	6	*18. 施工质量检测	3.78	7
9. 幕墙安装	3.65	11	*19. 机械与设备安全监测	3.74	8
10. 外墙饰面板（砖）安装	3.45	16	*20. 高空作业安全保护	3.89	4

初步确定的影响因素及问卷调研的评价结果　　表 3

影响因素	平均值	排名	影响因素	平均值	排名
*1. 施工人力成本	3.82	9	11. 对项目工期的政策要求	3.69	18
*2. 施工自动化与机器人技术应用的初始投资成本	4.41	1	12. 对施工造成的环境影响的政策要求	3.61	20
*3. 施工自动化与机器人技术应用带来经济效益的不确定性	3.94	4	13. 新技术应用、劳工流动等方面的国际开放程度	3.30	21
*4. 技术发展的成熟度是否得到验证并具有易用性	4.19	2	*14. 政府对相关技术科研创新的支持	3.87	7
			15. 政府对相关技术在施工中应用的支持	3.91	6
5. 新技术技能培训的成熟度	3.65	19	16. 社会创新意识	3.78	12
6. 新技术对传统施工方式的适应性	3.71	16	17. 社会环境保护意识	3.80	11
7. 建筑业对新技术的关注度和认可程度	3.73	13	*18. 社会对工人健康和安全的关注程度	3.86	8
8. 施工企业的自主研发能力	3.70	17	*19. 工人年龄结构与受教育程度	3.82	9
*9. 其他相关信息技术（BIM、物联网等）的应用水平	3.95	3	20. 装配式建筑的发展情况	3.72	14
10. 政府劳务政策	3.71	15	*21. 施工现场的管理水平	3.94	4

优先发展方向与关键挑战

为确定优先发展方向与关键挑战，我们在 2018 年 11 月举办了国际专家研讨会。会议邀请了国内外相关领域的 13 名顶级专家参与，其中包括 7 名大学教授（中国 2 名、美国 2 名、德国 1 名、日本 1 名、加拿大 1 名）、6 名工业界专家（3 位来自国内施工单位的高级工程师、2 名来自国内建设工程软件服务商的专家、1 名来自国内机器人供应商的副总裁）。

为了确保高效的讨论和交流，13 名专家分为中、英文两组（其中中文组 8 人、英文组 5 人）分别进行讨论。研讨会的前 30 分钟，由每位专家独立列出高层建筑施工自动化与机器人应用的 3 个优先发展方向和 3 个关键挑战，可参考但不限于问卷调查所得的十大需求和十大影响因素。在接下来的 60 分钟内，每位专家逐一介绍自己列出的内容，并由所有专家进行共同讨论。最后，专家们进行了 60 分钟的集体讨论，并根据讨论结果形成优先发展方向列表和关键挑战列表，如表 4 所示。

优先发展方向与关键挑战 **表 4**

排名	优先发展方向（英文组）	优先发展方向（中文组）	关键挑战（英文组）	关键挑战（中文组）
1	高空作业安全保护	预制构件安装	技术应用带来经济效益的不确定性	技术成熟度不足
2	机械与设备安全监测	外立面建造及维护	技术成熟度不足	缺乏关于用户需求的数据及分析
3	钢结构相关操作，如涂装、焊接等	施工质量检测	现有施工模式不符合机器人应用的需求	现有施工模式不符合机器人应用的需求

两组共提出了 6 个优先发展方向和 4 项关键挑战。英文组的前两个优先发展方向与安全相关，分别是“高空作业安全保护”和“机械与设备安全监测”，第三是“钢结构相关操作（涂装、焊接等）”。目前，大量的钢结构产品都是在工厂中利用自动化设备和机器人进行加工的，但仍有部分操作需要在现场进行，特别是一些复杂的节点或构件的焊接等。如何将工厂化的钢结构机器人应用到施工现场，将是研究人员和机器人供应商未来的重要研究方向之一。“预制构件安装”排在中文组第一位，这与我国大力推动的装配式建筑发展的政策密切相关。另外，由于装配式构件具有标准化的特点，更适合机器人进行处理。中文组的第二个优先发展方向是“外立面建造及维护”，这是施工自动化与机器人技术发展 30 多年来始终热门的研究课题，该领域目前已有多种商业化产品，未来有望向更灵活、更安全的方向发展。第三是“施工质量检测”，由于质量检测任务重、重复性高，机器人不仅可以节省劳动力，还可以通过统计和采样的方法减少工作量。此外，利用机器人能避免数据造假，且能够前往工人难以进入的狭窄或危险的地方进行检查。

在关键挑战方面，排在英文组第一位的是“技术应用带来效益的不确定性”，这是大多数新技术推广时面临的典型问题。“技术成熟度不足”在英文组排名第二，在中文组排名第一。施工自动化与机器人技术领域已有大量研究成果，但只有少数成熟技术可以转化为实际应用。面对上述两项关键挑战，需要在实际应用之前进行更多的测试和示范工程验证，并从小规模的简单应用开始，逐步复杂化并扩大应用范围。英文组和中文组的第三项关键挑战均为“现有施工模式不符合机器人应用的需求”，即现有的设计过程、施工方法和施工组织中没有考虑到应用自动化与机器人的需要。针对这一挑战，需要对设计阶段和施工阶段进行重新设计，实现设计施工一体化，以便在集成化、标准化框架下进行机器人的开发。中文组排名第二的关键挑战是“缺乏关于用户需求的数据和分析”，即由于各参与方之间的信息孤岛，一些现有的机器人技术和产品并不完全符合用户需求。因此，各方之间需要建立良好的沟通与合作机制，使研究人员和机器人供应商能够真正掌握行业需求，开发出具有实际应用价值的技术和产品。

结语

自动化与机器人技术是建筑施工未来发展的重要方向，但目前施工现场的应用水平依然较低。为此，本研究针对高层建筑施工中的自动化与机器人技术应用，进行了问卷调研，组织开展了国际专家研讨会，讨论和分析了优先发展方向与关键挑战，并提出了相应的建议。其中，优先发展方向包括高空作业安全保护、机械与设备安全监测、钢结构相关操作（如涂装、焊接等）、预制构件安装、外立面建造及维护，以及施工质量检测；关键挑战包括技术成熟度不足、现有施工模式不符合机器人应用的需求、技术应用带来经济效益的不确定性以及缺乏关于用户需求的数据及分析。本文为研究人员、机器人供应商和施工单位在高层建筑施工中进一步开发和应用自动化与机器人技术提供了参考。

致谢

本研究由清华大学（土水学院）－广联达科技股份有限公司建筑信息模型（BIM）联合研究中心资助。

加快工程精益建造技术与数字化技术的有机融合发展

周伟

湖北省建设工程质量安全监督总站副站长

进入新时代以来，建筑产业和所有产业一样，快步进入数字化时代，但由于建筑产品设计上的独特性与建造过程中按工序施工结算的特性，致使建筑工程建造过程标准化程度不高、流水施工不畅，这也是目前信息化、数字化技术大多只能服务于某一过程、某一环节，技术碎片化严重的重要原因。推行数字化的新建造理念，仅从运用新技术适应现行管理的角度着眼是不够的，必须研究发挥数字建造优势的新工艺、新方法，从而促进新建造理念的广泛接受和推广。精益建造模式的出现，为加速数字化技术与建造技术有机结合提供一个良好的契机。

精益建造的优势和特点

精益建造技术是在江苏常州“才良模式”施工组织设计方法、碧桂园“SSGF”新建造技术成套工法的基础上发展起来的施工组织、施工技术成套工法，其核心是将建筑产品按照工业化零部件管理要求拆分成施工模块，通过设计优化减少多余工序，通过工艺优化提高一次成优率，通过措施优化提高施工措施可靠性，通过工序穿插减少工作面闲置，通过系统性合约规划整合优质资源，进而推动项目安全与环境标准化管理，提高资源周转利用效率，提升产品品质和履约能力。据中建三局、中天六建等建筑施工企业的测算，实施精益建造技术的高层住宅项目，可以实现 *N*–7 层完工标准（即主体结构施工至第 *N* 层时，第 *N* 层以下的 7 个楼层按顺序穿插流水施工，其中第 *N*–7 层楼具备交工条件），工程工期和成本可以节约近 30%。

相较于常规建造模式，精益建造技术带来了三个方面的革新：

（一）理念革新

理念革新是实施精益建造的基础。在公司管理层，彻底摒弃原有的粗放管理模式，对建筑产品按照工业零配件产品建造和组装的理念来组织施工，真正实现向管理要质量、要效益，大幅缩小我国建筑施工组织、施工工艺与国外先进地区的差距；在项目层面，彻底扭转轻视工程前期策划和执行能力不强的积习，高度重视事前组织、严格穿插流水、坚持程序化施工，大幅提升项目管理的严谨性和科学性；在作业层面，彻底改变忽视过程质量的痼疾，将工艺标准细化到每段流水，使得施工人员必须自觉细致地检查上道工序质量并保证本道工序质量，大幅减少因施工环节质量控制失效而产生的不合格产品。

（二）技术革新

技术革新是实施精益建造的手段。在精益建造中，三方面的工艺技术将得到大力发展：一是施工工艺优化。主要是针对结构面的免抹灰技术、装饰面的一次成活技术，是以完善和规范作业人员的工艺技能和工艺标准为目的的技术革新。二是施工组织优化。主要是基于BIM技术开展水电、暖通等机电综合管线排布优化等技术，以及整体提升脚手架与铝模快拆体系相结合的快速施工工艺技术，是以提高工序衔接质量和工序穿插速度为目的的技术革新。三是设计优化。主要是通过深化设计，实现楼梯楼板、内外墙、凸窗阳台、道路管沟等构件的预制和装配式施工技术，是以实现工业化生产为目的的技术革新。

（三）管理革新

这是实施精益建造的保障。主要实现了三个层面的管理提升：一是企业内部管理效能得以发挥。企业总体的管理资源得到充分发挥，企业对项目的管控更加合理有效，对于施工管理和技术能力优秀的企业，更能发挥和展示其强大的施工实力。二是工程承包模式的发展得到推进。深化设计是充分发挥精益建造技术优势的最重要手段，需要设计、施工两个环节的协作，能够有力地推动工程总承包（EPC）模式的发展和壮大。三是专业队伍得到发展。工艺的标准化促进了作业人员的专业技能提升，加速了熟练工人的培养，保持了项目用工人员的基本稳定，对减少因工人违章违规作业造成质量安全隐患具有极大的现实作用。

用发展的眼光来看，精益建造工艺彻底颠覆了原有的按图施工的固化思维，促进设计与施工的高度融合，激发了企业深度向内挖潜的动力，进一步提升了高技术能力企业的市场竞争力；精益建造意味着工艺质量控制能力的换代，它的普及推广必将促进设计理念的发展，西方后工业时代的建筑代表作无一不是以工艺技术的发展和质量控制能力的提升为基础的；精益建造的发展，使得工程施工单位也能掌控工程建造的核心技术，拓宽了施工单位由施工总承包走向工程总承包的通道，为企业实现从单纯工程承包向集技术、资本、管理、标准、服务输出为一体的综合性工程承包转变，从工程承包商向一体化综合解决方案提供商转变，提供了途径。因此，精益建造技术代表了今后我国建筑施工领域乃至工程建造行业发展的方向。

加快精益建造与信息化技术的有机结合

第二届数字中国建设峰会提出了建筑业信息化的三大困局，最为核心的问题就是数字化与业务工作“两张皮”，即数字化、信息化以技术为目的，并没有与业务结合，只在技术部分去推动，很难真正推动数字化与工程实际业务的融合。精益建造技术是管理理念、组织方式和工艺技术上的一次大的突破，打破了我国几十年来建筑建造技术发展停滞不前的局面，实现这一次突破，信息化技术成为主要的支撑手段，为解决信息化与建筑施工实际相结合的困局提供了模板。分析精益建造与信息化技术结合的实例，建筑施工信息化技术发展上应有三方面的发展和突破：

首先，要对整个建筑行业的发展具有前瞻性，确定信息化在建筑业发展的大格局、大方向。当前建筑的设计、施工两行业的融合开始加快，同时装配式建筑等新型结构体系的发展研究开始起步，住宅、公建、市政等行业的建造技术日趋专业化、独特化，建筑施工企业的自行开发能力两极分化严重。但从总体格局上看，建筑行业走向设计、施工高度融合成为大势所趋，而施工行业的改变反向拉动设计行业变革将成为主导，因此建筑行业的信息化工作应该着眼于以建筑施工为龙头的工程总承包模式的管理需要，以现有的BIM技术为基干，整合、开发适应于建筑工程中深化设计、组织流水穿插的系统、配套的管理系统和应用软件。

其次，要研究服务于基层作业、服务于质量和安全管理水平认定的软件工具。施工现场现有不少的隐患排查软件、设备管理软件和质量管理数据二维码等信息化工具，但都局限于项目管理。在精益建造环节，每道工序的作业质量和工序衔接时机都直接关系到建筑成品质量和工期目标，对于这些最基层的管理组织，目前仍然靠施工经验来确定，对于工艺设计、改进、质量数据设定和收集都缺少相应的管理系统和管理软件。针对这些环节研发实用的、带有明显企业特征的小系统、小软件，将有效保证企业整体工艺的可控。

其三，要致力于提供有效数据。数字技术与建筑专业脱节的一个重要原因，是数字技术、信息手段采集的海量数据，难以得到真正有效的运用。在现实管理过程中，囿于行业管理部门和工程建设各方以及社会公众各方关注点不同，所需要的核心数据和数据范围也各不相同，在这一点上，软件和平台开发公司已经有所认识。但对数据运用的合理性、有效性的认识并不清晰、透彻，在工程项目管理中，相关数据并非采集得越多越全越好，数据的统计和测算也并非越快越细越好，关键在于数据和测算能够快速提供可供参考的模型，为企业、项目管理者乃至一线管理人员的决策提供精准的支撑，但在这一点上，软件开发尚难以达到理想效果。一方面是由于现有的管理样本数量不足、专业性研究分析深度不够；另一方面是施工的环节管控与过程管理粗放造成决策随意。精益建造技术的推广，使得过程管控精细化程度大幅提高，也为决策软件的开发利用奠定了基础。

发展前景与努力方向

精益建造作为一种新型施工模式，在实际推行中还存在与既有的体制机制、行业管理上的不配套，但随着我国工程建设领域改革发展走向深入，质量安全责任向建设单位、施工企业回归的加速，建筑市场由单纯的规模竞争向质量效益综合实力竞争的转变，精益建造必将成为一种广泛应用的建造模式。由此而带来的数字技术对建造过程的高度融合也将成为发展趋势。

现行的大部分精益建造技术，还主要依靠BIM技术为支撑解决工程建模问题，数字化、信息化的其他技术还未能进入精益建造中。另外，设计、施工间的BIM技术壁垒尚未完全消除，限制了数字技术作用的发挥。同时，BIM技术等应用软件也亟待简化以方便基层人员的使用，BIM技术作为一项核心技术在其适用范围和灵活性上还有很大的开发提升空间。因此，尽快完善和应用现有技术，使之服务于精益建造技术成为当务之急。

现行的大部分数字技术，往往只重视上道工序成果的数据采集和分析，而且采集过程中人为痕迹明显。建立稳定、可靠的数据采集途径，对下一步数据分析质量至关重要，加之精益建造技术将以发挥企业内在的技术特性为主要特性，数据的独特性更强，数据采集分析难度更大。因此，软件开发单位要加快引进熟悉工艺工序的专业技术人员，制定完善的数据采集分析计划，提升数据的可用性、有用性。

第三章

数字建筑理念已经被建筑行业普遍接受，并被积极应用于实践

在前两章中，我们介绍了在目前行业生存环境日渐恶化，行业内竞争日渐激烈的情况下，数字建筑顺应时代的潮流，带着变革建筑行业的使命脱颖而出。虽然在践行数字建筑的路上，我们还处在初级阶段，但是在古老的建筑业里辛苦耕耘的建筑企业已经迈出了探索数字化转型的第一步，且已积累了一些经验和教训。在本章我们将为您呈现北京建工、河南科建是如何践行数字建筑的，是什么因素驱动他们积极探索数字化转型？在探索的路上遇到了什么样的困难？又积累了什么样的经验教训？另外，本章还选取河南作为建筑业数字化转型的区域代表，为读者展现建筑业数字化转型的河南模式。

第一节　数字建筑切实解决施工企业的实际困难，帮助企业实现降本增效

本节选定北京建工及河南科建为数字化转型实践的代表企业，为读者展现目前国内施工企业践行数字建筑的动机、效果、阻力、经验等。

北京建工是践行数字建筑平台的中型施工企业代表，北京建工身居数字化环境较好的北京，较容易接受数字建筑理念，同时通过践行数字建筑，切实提高了项目的管理水平。面对复杂的问题，要及时协调施工人员进行多方协作，保证项目的每一个环节的顺畅，是目前工程管理中难以破解的难点。北京建工同样也面临着这一行业困境，他们采用数字化手段来破这一行业困局，在整体规划上建立 BIM 中心，同时将数字化渗透到进度管理、质量管理、分包和劳务管理、成本管理上。而面对目前各个系统间的联系互通程度不够，各部门之间的信息交换还需要大量人力工作等问题，北京建工的策略是推行“智慧工地”。

河南科建是利用数字建筑平台成功实现弯道超车的典型地方性、中小施工企业代表。河南科建本身是一个在竞争激烈的建筑行业中艰难生存的小型企业，通过数字化转型成功脱颖而出，发展成为明星企业。河南科建建设工程有限公司成立于2008年，技术、人才、资源等积累少，资质等级低，加之近几年建筑市场萎缩导致竞争加剧、生存压力大。面对这样的困境，2015 年底河南科建开始数字化转型的探索。目前，河南科建已经实现BIM5D平台、数字项目+智慧工地系统平台、企业BI数字决策平台、协同办公系统、人力资源管理系统多个信息化系统的联合应用，各平台之间数据互通互联。得益于数字化转型，在 2018 ~ 2019 年建筑市场萎缩、经济下行的背景下，河南科建年产值连续两年保持 30% 以上的增长幅度，企业利润也实现逐步增长。

代表企业一：北京建工利用数字建筑平台提高项目管理水平

北京建工昌平区未来科学城第二中学建设工程将“BIM+智慧工地”技术应用到项目信息化管理实践中，该工程的一个关键难点是钢框架装配式结构与被动式建筑的结合，除常规建筑需要的水电安装、电梯安装等专业队伍的配合，还需要很多符合被动式建筑需要的、专业性更强的专业队伍之间的配合，因此对各专业工序配合紧密度提出更高的要求。本工程采用“BIM+智慧工地”应用方案，将数字化技术应用到劳务管理、质量管理、安全管理、进度管理等方面，使项目的整体推进情况基本可控，质量安全进度得到实质性保障。

另外，北京建工将BIM技术应用到赛迪科技园科研楼建设项目中，开展BIM深化设计、专项应用展示、进度精细化动态管理、BIM5D项目综合管理；北京建工路桥集团还将“BIM+智慧工地”应用在北京地铁27号线二期（昌平南延）工程西二旗至蓟门桥段中，敬请关注。

行业困顿不断，如何破局而出——数字化转型大趋势下的生产管理

高洁

北京国际建设集团[①]副总经理

难破之局总有破解之道

改革开放四十多年来，我国建筑业得到了持续快速的发展，建筑业在国民经济中的支柱产业地位不断加强，对国民经济的拉动作用更加显著。随着市场经济的发展，建筑施工企业面临着激烈的市场竞争。加入世贸组织，在给中国建筑业带来难得的发展机遇的同时，也带来了不可避免的冲击和挑战，我国建筑业将来要直接面对的是与国际承包商共同竞争国内建筑市场，以及走出国门参与到国际工程承包市场中去，随着时间的推移和行业的进步，这些竞争还会愈发激烈。

对一家建筑企业而言，项目是企业的根基，为了能应对不断变化的外部市场和行业激烈的竞争，建筑企业的项目管理水平将成为决定企业未来发展的关键因素。

建筑工程项目管理涉及各种作业工人的协同性工作，而不是单方的单向操作，所以，影响建筑工程项目成功的因素是多样的。对于单个施工项目而言，各参与人员之间需要高效地协作与沟通，才能保证工程按时竣工。另外，从人员的角度来讲，

---

① 注：北京国际建设集团有限公司是北京建工集团优先发展的子集团公司

各参与人员的工作能力、办事效率、责任心、品德、合作精神等特性，也会对项目的推进产生很大的影响。在传统管理方式下，工程规模越大、工程复杂程度越高，工作人员和工作组织间的交互协作就会越困难，与此同时，项目管理层对工程进度与质量的把控难度就越大。

建筑工程项目的各个链条往往是环环相扣的，困难像滚雪球一样越滚越大，进度和质量难把控，随之而来的就是施工安全管理难度的增大，进而使得项目成本难以得到有效控制。所以，加强项目各参与方的交互协作是项目成功的关键!

为了解决这些问题，我们的施工企业已经采取了很多常见的措施，比如采取监理标准化的管理体系，进行严格的培训，在开工前对项目进行深入的策划，对项目进行预控等等，这些无疑都是明智的做法，但我还想补充或强调一点自己的见解：项目是动态的，所有的策划和设计也需要进行相应的动态控制。

面对复杂的问题，要及时协调施工人员进行多方协作，保证项目每一个环节的顺畅，而这恰恰也是目前工程管理中难以破解的难点。特别是体量大的项目，沟通效率低，信息获取不及时，过程资料没能保存，或即使保存了也难以查阅，使许多风险得不到有效控制。如果我们对以上问题进行分析，可以发现，信息交互不畅是目前制约施工企业项目管理执行效果提升的瓶颈。幸运的是，随着信息技术的迅猛发展，这一困扰建筑施工行业多年的难题已经有了破解之道。

翻山越岭树转型自信

在思想观念上，大多数人对建筑行业是存在成见的。用一句玩笑话说，学建筑的孩子经常跟家里人说自己是“搬砖的”，不懂行的人对建筑工地的印象普遍停留在脏、乱、差上。即便是身处建筑行业的我们，也不得不承认，建筑施工行业在业内普遍被认为是最传统的行业，整体管理思维趋于保守，在新技术的应用上总是落后于同时代的其他行业。在第三次工业革命已经过去近 70 年的今天，受限于复杂的工作环境和庞大的工作体量，建筑行业整体的自动化程度仍然不高，大部分管理者更青睐使用密集的劳动力来进行施工。

如果说人心中的成见是一座难以逾越的大山，那么，现在我们所处的时代，在各方力量的聚合之下，正显现出一条可行的翻山越岭之路，亟待固封的思想觉醒、松动、改变。

经过多年的科技创新和产业升级，当前的中国，已经处于第四次工业革命的前沿，我们拥有大量新的科技公司、研发中心，我们不但要有文化自信，也要有转型自信。从技术角度上讲，云计算、大数据、物联网、移动互联网、智慧工地等技术已经得到广泛应用，5G 技术也逐渐推向商用市场，技术的革新已经打破了诸多传统行业壁垒，复杂的工作环境、庞大的施工体量等看似不可能的“难关痛”，在技术的推进下，逐渐构不成威胁。从某种意义上讲，“业务推动，技术先行”的深入实践，已经为施工行业进入信息化、数字化时代打好了基础。

在政策层面上，自 2014 年以来，国务院大幅取消和下放行政审批事项，进一步深化改革，激发我国市场活力。住房和城乡建设部同样配合这一举措，大幅简化了对建筑施工企业资质要求，但又同时密集出台政策，规范施工企业各项经营行为，用市场竞争和政策规范的双重手段加速建筑行业升级。党的十九大报告在论述创新型国家时，也提出了“数字中国”的概念，结合当前的大环境，建筑行业的数字化转型升级已经势在必行。

国建公司的智慧生产

作为主管施工、质量、安全的副总经理，我对数字化技术在建筑施工生产管理中的应用感受很深。一个施工项目在中标后，首重履约，即根据拥有的人力、物力、财力、信息等资源进行有效的决策，达到项目的进度和质量目标，控制好成本，并全程保证安全。

在建筑行业全面数字化升级的大背景下，我们已经取得了一定的成果。在整体规划上，我们建立了 BIM 中心，并在环球主题公园、中国人寿数据中心与昌平二中被动式、装配式房屋等项目中进行了实践应用。通过 BIM 技术实时模拟各施工阶段材料、机械、人力的投入情况，帮助项目班子进行决策，同时，也能更形象地向各相关方展示工程的进度及规划。在进度管理上，我们积极应用过微软的 Project、甲骨文的 P6 系统、广联达的斑马进度等，希望通过行业领先的技术力量，实现项目进度的科学把控。在质量管理上，我们将材料检验记录、施工检验批记录、成品保护记录等相关信息录入数据库，进行分析和监管。在分包和劳务管理上，我们通过智能安全帽及劳务管理系统，可以实时监控和记录每日人员的出勤情况以及施工人员数量。在成本管理上，我们有专用的数据中心，记录所有的供应商信息、采购物料进场及使用信息，记录每一份采购合同，并对变更、洽商、结算等进行记录和归纳。在这些初步的尝试中，我能够明显地感觉到，数字化手段极大提高了各职能部门的沟通效率，同时，相较以往，管理层能够得到更多真实有效的数据，便于分析项目实况，有助于我们对以往的工作进行总结并调整后续工作计划。

在不断深入实践的过程中，我们也发现了一些问题，比如：目前，各个系统间的联系互通程度还不够，单项工作的成果对整个项目的支持力度太小，各部门之间的信息交换还需要大量人力工作。而现在推行的“智慧工地”理念，其核心就是解决这一问题。在我看来，智慧工地系统，主要在于标准化各分项系统，并互相传递、引用、分析工作中的数字成果，在精细掌握当前施工情况的同时，可以比较准确地预测未来施工中各项资源的需求情况，并结合实际情况找到风险因素，提前进行应对，以实现项目绩效的进一步提升。在先行实践成果的基础上，公司也想将数字化的应用向前推进一步，探索更多转型的可能性。日前，我们的母公司北京建工集团与广联达公司达成了战略合作，借助广联达的科技力量，将企业数字化转型向纵深发展，在这之后，我们对后续的重点项目也制定了更为具体的执行规划，未来几年，将全面打造智慧型工地。

结语

相信在不远的将来，越来越智慧的工地，将会彻底改变人们对传统建筑行业的刻板印象，未来的建筑将不再是冷冰冰的水泥森林，通过融入大量的科技，它们将变得非常智能，甚至成为整个数字网络中的一员。畅想一下，建筑在互联网上将有自己的身份，可以记录我们生活的点点滴滴，了解我们的身体状态，甚至了解我们的情绪。那时的建筑业和现在相比，无论在施工技术上还是管理方式上，或将会有翻天覆地的变化。

我们正处在人类百年未有之大变革的时代，随着第四次工业革命在中国的不断深化，建筑行业数字化之路的大幕已然开启。

钢结构装配式被动房与智慧建造融合应用——以北京建工昌平区未来科学城第二中学建设工程为例

钟远亨

北京建工集团昌平区未来科学城项目经理

许晓煌

北京建工集团昌平区未来科学城项目经理部项目科研负责人

一、项目概况

（一）项目基本信息

北京市昌平区未来科学城第二中学建设工程由北京建工集团承建，北京国际建设集团有限公司（北京建工集团优先发展的子集团公司，以下简称“国建公司”）承担技术咨询服务。工程位于北京市昌平区北七家镇，总建筑面积 23088.82 平方米，建筑结构主要为钢框架装配式结构，工程将“BIM+ 智慧工地”技术应用到项目信息化管理实践中，积累了很多实践经验和成套的施工技术成果，在被动式建筑的数字化施工方面具有代表意义。

该工程是由北京市昌平区教育委员会决策、北京未来科学城置地有限公司具体实施的政府投资项目，是北京市投资项目审批改革的试点项目，建成后对昌平区教育系统乃至对昌平区建设都具有重要意义。此项目为建筑行业绿色节能建筑，推动了建筑行业数字化、智慧化管理模式的发展。

（二）项目难点

1. 管理难点

（1）高标准的质量要求

由于本工程为超低能耗被动式建筑，在绿色节能和建筑特性上有特殊的质量要求。同时，本工程制定了较高的施工目标：希望在工程质量方面争创结构、建筑长城杯金奖；在建筑特性方面，通过被动房气密性验收及认证；在绿色施工方面，力争达到“北京市安全文明样板工地”的标准，打造安全绿色施工样板工地，争创住房和城乡建设部“绿色施工科技示范工程”。

在如此高的目标要求下，公司必须在施工过程中建立严格的质量控制机制，应用先进的施工技术，做到精细化施工。只有每个分项达到过程精品，才能以过程精品确保精品工程。

（2）紧张的工期要求

本工程于 2018 年 12 月 22 日开工，计划于 2020 年 5 月 30 日竣工。期间经历两个春节假期、两个冬季、2019 年全国两会及 2019 年国庆大庆。考虑到北京市严格的环保要求，实际合同工期内有效的施工时间，很难满足高标准的质量要求及精细化施工所需时间，如何科学合理地进行施工部署是本工程总体工期控制的关键点。

（3）参建各方高效组织，协调要求

本工程在施工中有较多的专业分包项目，施工过程中需要大量、高效的沟通协作工作，确保参建的各专业分工有效推进。因此，如何正确行使总包权力、履行总包责任及义务是工程的管理重点，对总包方协调、配合、管理提出了较高的要求。

2. 施工难点

（1）钢框架装配式结构与被动式建筑的结合

本工程为钢结构装配式、被动式超低能耗建筑，因此，外围护严格的保温和气密性能如何在钢结构体系上达到要求，如何消减钢结构温度变形对被动式建筑相关参数要求的影响是本工程的结构施工难点。需要在施工前编制科学合理的施工方案，在过程中严控各工序施工质量，以确保施工质量和安全。

（2）ALC 外挂板的安装

本工程 ±0.00m 以上的外墙围护均采用 200 厚 ALC 加气混凝土条板，在钢结构外侧外挂安装。如何规避外挂板在使用中不受钢结构温度变形影响，造成接缝开裂、影响外保温及气密性要求是项目的重难点。此外，ALC 条板的现场安装精度、接缝处理的控制以及结构连接节点做法设计同样面临巨大的挑战。

（3）各专业工序配合紧密

本项目除常规建筑需要的水电安装、电梯安装等专业队伍外，还需要很多符合被动式建筑需要的、专业性更强的专业队伍，如：被动式门窗专业队伍，被动式外墙保温专业队伍，高效新风、光伏发电、气密性施工专业队伍等。如何合理安排和解决各专业的施工组织和施工协调，以及与钢结构、土建的密切配合，是保证施工质量和进度的关键。

（4）克服现场场地狭窄的不利条件

受工程位置影响，北侧为未来科学城大道（未来科学城主要参观通道），东侧与达华庄园别墅区一墙之隔，南侧与京能集团一墙之隔，以上三面均不能进行项目施工开口，只有西侧岭上路可以作为施工进出的主要市政道路。但项目总体规划北侧为教学楼，西侧由北向南分别为行政楼、体院馆、宿舍楼，南北贯通，仅宿舍楼与体育馆之间有狭窄通道，东侧为室外操场，地下设计为地下车库、人防。地下工程开挖后，东南西面均紧贴建筑红线和现有围墙，施工场地仅有地下车库北侧与教学楼之间的绿化空地可用。在工期紧迫的情况下，如何科学进行现场施工平面布置、统筹各单体建筑的施工顺序、将场地影响降为最低是该项目的重点、难点。

（5）克服季节性施工的不利影响

本工程大部分结构施工处于雨季和酷暑天气，土方开挖、后期装饰与室外工程的大多工作于冬季进行，施工面临大量季节性天气因素，且诸多因素具有随机性，难以及时预测和反应。为保证本工程施工的安全、质量及工期，如何做好季节性施工保证措施将是本工程的施工重点之一。

（三）应用目标

1. 实现工程项目的履约目标

作为全国第二个将钢框架装配式结构和超低能耗建筑结合的工程，在规模体量上实属全国第一。工程面临很严峻的管理难点和施工难点，对施工总承包方的顺利履约造成重大障碍。希望采用“BIM+智慧工地”技术，切实解决项目建设过程中的管理难题和施工难题，保障项目的质量目标、安全目标、进度目标、成本目标的顺利实现，最终达到如期、保质、保量的履约目标。

2. 实现工程项目的创优及科研目标

本工程合同质量要求为合格；工程创优目标为结构长城杯、建筑长城杯金奖；争创北京市新技术应用示范工程；争创住建部绿色施工科技示范工程；争创省部级（或中施协）科技创新进步奖等。

项目进行科研课题立项，课题名称为“钢框架装配式结构超低能耗建筑综合技术研究与应用”。科研课题预期研究成果目标：

（1）形成研究成果报告，完成课题鉴定。

（2）取得以下成果：省部级（或中施协）科技创新进步奖 1 项；获绿色施工科技示范工程；专利 2 ~ 3 项。

（3）集团级或市级工法 2 ~ 3 项。

（4）发表论文 3 ~ 5 篇。

（5）申请软件著作权 1 项。

二、“BIM+ 智慧工地”应用方案

（一）软件设施和组织架构

“BIM+ 智慧工地”应用方案软件配置、组织架构、小组岗位职责是什么样的呢？请参考如下图表：

软件配置 表 1

序号	应用内容	软件 / 平台 / 模块
1	智慧劳务应用	广联达 BIM+ 智慧工地平台（电脑端 / 手机端）劳务系统
2	智慧安全应用	广联达 BIM+ 智慧工地（电脑端 / 手机端）安全系统、智能安全帽、智能闸机、智能摄像头
3	智慧质量应用	广联达 BIM+ 智慧工地平台（电脑端 / 手机端）质量系统、BIM 模型（Revit2016、Lumion8.0）
4	智慧进度应用	广联达 BIM+ 智慧工地平台（电脑端 / 手机端）进度系统、BIM5D 平台、广联达斑马进度计划软件
5	智慧党建应用	广联达 BIM+ 智慧工地平台（电脑端 / 手机端）党建系统
6	智慧协同（资料）应用	广联达 BIM+ 智慧工地平台（电脑端 / 手机端）资料系统
7	智慧环保（绿色施工）应用	广联达 BIM+ 智慧工地平台（电脑端 / 手机端）绿色施工系统、智能环境监测系统、绿色施工新技术应用
8	可视化智慧应用	BIM 模型（Revit2016、Lumion8.0）、广联达数字项目管理平台 BIM 模型呈现，广联达 BIM5D 平台模型呈现，BIM+VR 技术

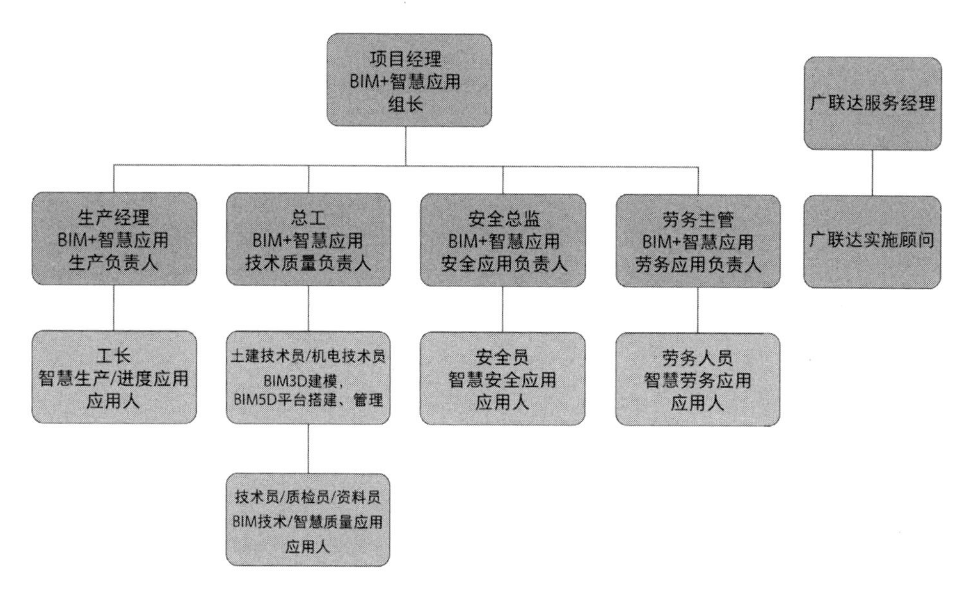

图 1 “BIM+ 智慧工地”应用方案组织架构图

“BIM+ 智慧工地”小组岗位职责 **表 2**

岗位	应用模块	应用端口	“BIM+ 智慧工地”应用职责
项目经理	—	网页端 手机端	1. 网页端和手机端查看现场进度和相关协筑文件 2. 网页端查看项目质量台账和安全巡视点数据 3. 周会对进度和质量进行分析和沟通 4. 项目 BIM 应用方案确认和审核
生产经理	生产进度管理	网页端 手机端	1.BIM 生产应用方案、流程的确认以及应用优化职责 2. 生产应用点数据与完成度的监督职责，保障应用持续 3. 周计划 BIM 平台录入派分 4. 使用 BIM 平台组织项目周例会 5. 每天生成施工日志使用任务发送项目领导 6. 每周生成周报使用协筑发送项目领导和参会各方
工长	协筑任务	网页端 手机端	1. 手机端任务现场实时跟踪反馈 2. 周会汇报本周进度 3. 接收协筑任务文件
资料员	施工相册 协筑任务	网页端	1. 网页端隐检照片归档 2. 会议纪要周会记录 3. 会议纪要协筑下发到各相关人

续表

岗位	应用模块	应用端口	“BIM+ 智慧工地”应用职责
总工	质量巡检	网页端	1. 协筑设置周质量报告 / 周安全报告 / 飞检报告下发任务流程模板 2. 了解项目质量和安全情况，导出问题台账进行销账 3. 定期使用协筑下发相关文件和审核飞检报告 4. 每周周会进行本周质量和安全未整改问题沟通 5. 确定质量与安全 BIM 应用方案和流程，优化方案职责 6. 监督数据上传的及时性与合理性，保障应用持续
技术员 / 质量员	协筑任务	网页端 手机端	1. 根据测量计划进行现场测量，并将测量结果标注于图纸上 2. 测量作业完成后对数据进行整理，汇总统计，形成台账
分包单位	实测实量	手机端	1. 问题整改手机端拍照回复 2. 周会认领和沟通 3. 协筑接收相关文件
安全总监 / 安全员	定点巡视 协筑任务	网页端 手机端	1. 网页端设置安全高危隐患点，并打印二维码现场张贴 2. 现场手机端根据制度进行扫码拍照记录隐患点数据，如有安全问题，发起流程，督促和监督分包单位整改 3. 网页端生成当天安全问题台账，进行问题销项 4. 协筑接收相关文件

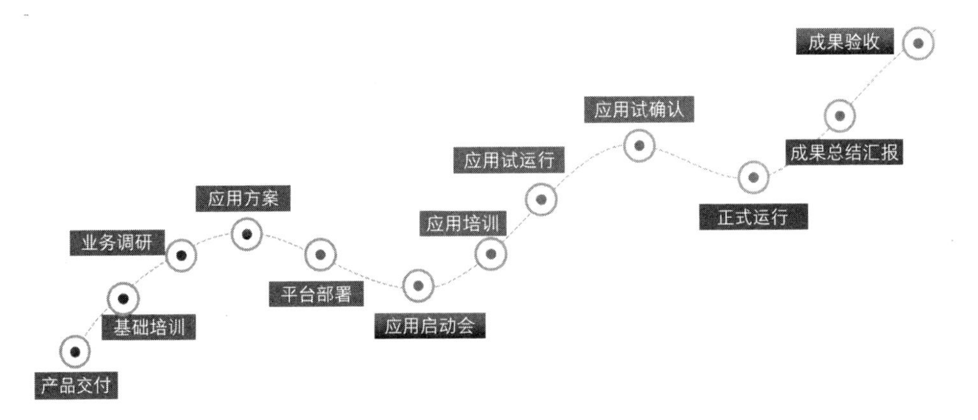

图 2 项目实施应用整体步骤流程图

（二）主要应用内容

1. 智慧劳务应用

解决项目劳务管理的问题。目前，施工劳务队伍存在结构松散、零散用工以及劳务工资发放不及时等问题，严重影响工程施工质量和施工组织效率。本项目欲通过应用智慧劳务应用技术，在劳务管理上实现突破，通过智慧劳务技术与劳务实名制紧密结合，来切实提高劳务人员的组织协调效率，保障工程建设秩序及劳务人员的切身利益。

2. 智慧安全应用

解决项目安全管理的问题。建筑施工行业是高危行业，一线作业人员安全意识薄弱，基本操作技能较差，加之建筑行业本身条件复杂，易受周围环境影响。本项目欲通过智慧安全应用技术，在安全管理上发挥实质性的作用，通过物联网技术、可视化技术、智能安全帽技术等，精准预测安全隐患并消除隐患，最大程度降低安全风险，从管理源头处实现安全可控。

3. 智慧质量管理应用

解决项目质量管理的问题。本工程作为北京市的试点项目工程，性质特殊，质量攻坚志在必得，质量目标更是以行业最高的“长城杯金奖”、“国家优质工程奖”等作为努力的目标，因而采用当前先进的智慧质量管理应用技术，是实现工程质量目标的保障。有先进技术的应用，让项目更加有信心、有决心实现既定的高质量目标。

4. 智慧进度管理应用

解决项目进度管理的问题。本工程的超低能耗建筑类型在建筑技术上存在诸多技术难点，施工工艺操作细致繁琐，国内被动式建筑建造规范不完善，本项目工期紧、任务重（465 日历天，预计有效工期仅 200 天左右），意味着在短时间能实现精细化建造，对项目的进度管理是极大的挑战。项目通过采用智慧进度技术，直面挑战，广联达的斑马进度，从项目开端即对全施工周期进行进度精细化排布，过程中实时调整，使进度在把握之中。

5. 智慧协同（资料）应用

解决工程资料收集、整理、共享的问题。工程资料是建设施工中的重要组成部分，是工程建设及竣工验收的必备条件。项目非常重视工程资料的管理工作，通过智慧协同（资料）应用，实现工程资料实时跟进，切实反映实体工程的进展情况。通过平台的共享，达到信息的及时传递，实现资料最优化管理。

6. 智慧环保（绿色施工）应用

解决环保问题，满足北京市对绿色施工的高标准要求。本工程开工伊始，即确立了要创立北京市绿色文明安全样板工地，争创全国绿色施工科技示范工程。项目部在满足常规环保要求的同时，自我提高了绿色施工的高要求、高标准，通过应用智慧环保（绿色施工）技术，来大大助力项目部实现既定的目标，助力项目管理整体目标的顺利推进。

7. 可视化智慧应用

“BIM+ 智慧技术”实现可视化应用，解决项目实际难题。项目通过 BIM 技术进行施工场地可视化布设、BIM 建模、BIM+VR 安全体验、可视化施工交底，欲使繁琐的工程施工更加具体明确，避免传统图纸、文字描述等产生思维误差，进而提升工程项目管理工作。

三、“BIM+ 智慧工地”实施过程

（一）实施准备

使用“BIM+ 智慧工地”技术助力“钢结构 + 超低能耗被动式建筑”的建造发展，

项目部结合自身实际，确定了实践步骤如下：

1. 学习阶段

项目前期，派技术员报名参加广联达“BIM+智慧工地”技术的课程培训班，学习BIM、智慧工地技术实践知识，并且多次到转型领先的施工单位进行学习交流。

2. 策划阶段

结合项目部的实际情况和履约及创优目标，策划技术应用框架和具体实施方案，匹配项目部的管理人员，推进技术与管理复合型的人才团队建设。

3. 平台搭建及技术措施布设阶段

在广联达公司的支持下，线上搭建数字项目管理平台，线下采购智能硬件，如智能摄像头、智能安全帽、智能闸机等，让硬件设备与管理平台实现数据的互通互联。

4. 项目部技术交底、培训阶段

组织项目各部门进行工程项目智慧工地实施方案交底，明确主要负责人及各参与人员的职责分工。开展项目部“BIM+智慧工地”技术培训，针对各部门的具体应用，开展深化应用培训。

5. 实施应用阶段

根据技术实施应用方案、前期交底内容及培训内容，各负责人对应实施“BIM+智慧工地”管理，将技术常态化应用，将现场实际情况真实反映在数字项目管理平台上。

6. 优化、完善应用阶段

根据技术实施情况与工程实际需要，深入开发数字项目管理平台，调整现场智慧措施，完善技术应用，以服务施工生产，提高施工效率。

7. 应用总结阶段

结合被动式建筑的建造，总结“BIM+智慧工地”技术的基础应用和创新应用，形成技术研究开发成果，实现项目目标。

（二）实施过程

结合前期调研沟通结果，为满足项目部业务管理需要，提高工作效率，实现项目业务替代，降低现场人员工作量，同时快速高效采集现场数据，项目部主要采用六大成熟产品以及部分定制开发工具，其应用点概述如下：

1. 劳务实名制

硬件和软件结合，应用闸机、人脸识别、安全帽无感通行等多种硬件设备，实现劳务人员考勤、劳务用工统计、黑名单管理、安全教育及考核、工人住宿、劳务民工工资支付等，作为劳动人员管理的数据来源。

（1）智能安全帽：关联施工人员 ID 和安全帽芯片，并结合关键位置的“工地宝”设备。对项目管理而言，这样能够实时获得劳务人员的位置和区域等活动信息，在此基础上，绘制全天移动轨迹，进而掌握场布模型，实现人、证、图像、安全帽科学统一，提升劳务管理效率。对施工人员而言，智能安全帽能够减少个人的手动登记工作量，系统自动生成考勤表，作为薪资发放的依据之一，相比传统模式而言，劳务记录和薪资发放更有数据可依，减少扯皮和拖薪欠薪情况。

（2）按需分配，科学管理：过去，劳务分包团队的出勤人数往往是根据老施工员的经验判断，很难真实把控和管理。在应用智能安全帽和劳务系统后，可以实现信息播报、花名册、考勤表等一键导出、人员异动信息自动推送、人员滞留提醒、联动闸机和其他外围设备等等。不仅可以知道“量”，还可以动态去“管”，将很多出勤异常的问题扼杀在摇篮中，根据施工进度、施工内容按需配置专业人员，分区分类，高效施工。

2. 安全、质量巡检

建立安全隐患 / 质量问题库以及规范库，手机端实现"检查 – 处罚 – 整改 – 回复 – 分析"的 PDCA 的管理流程，统一建立检查隐患清单与标准规范文件，搭建知识平台。在智能巡检过程中，通过手机端移动设备，拍照留存现场实况，并通过云端生成整改通知单，施工人员能够及时接收问题通知，对整改做出快速响应。此外，通过集成实测实量设备，自动统计分析问题数据，经过时间的积累，逐渐形成项目特有的大数据库，指导后续工作的开展，让质量管理更简单、便捷、直观。

3. 环境监测

通过环境传感器等硬件，实时监控工程施工现场环境的噪声、扬尘等环境信息，并通过软件系统及硬件显示设备，分析及显示施工现场环境信息。

4.VR 安全教育

项目基于施工现场 BIM 模型，构建了广联达"BIM+VR"虚拟安全体验馆系统，通过现场 BIM 模型和虚拟危险源的结合，让体验者可以走进虚拟现实场景中，通过沉浸式和互动式体验让体验者受到更深刻的安全意识教育，以提升全员的生产安全意识。

5. 进度管理

项目采用斑马进度计划进行进度管理，自动生成网络图、横道图，通过"前锋线"检查分析整体进度。因为本工程的工期紧张，有效工期很短，存在很多不可控的随机因素，在进度管理上投入了很大力度。通过关键线路和影响天数的标记和测算，能够根据突发情况及时调整，保证工期和顺利履约。

四、"BIM+智慧工地"应用效果总结

前期项目策划上即明确了项目推进的管理难点和施工技术难点、项目的重要意义与目标，将数字化技术应用在劳务管理、质量管理、安全管理、进度管理等方面，使项目的整体推进情况基本可控，质量安全进度得到实质性保障。目前，应用仍在持续中，且趋于常态化，下一步将结合北京建工集团科研课题"钢框架结构超低能耗建筑综合技术研究与应用"，进一步深化应用智慧工地技术，助力科研课题成果的落地，实现项目的终极目标。

（一）应用方法

《国建集团+昌平二中项目智慧工地整体解决方案》；

《昌平二中项目 BIM 应用方案》；

《智慧工地各大系统实施方案》。

（二）昌平二中数字化建造技术培训制度

昌平二中数字化建造技术培训制度 表3

序号	培训
1	智慧工地技术培训
2	BIM 软件应用培训
3	BIM5D 平台集成应用培训
4	斑马进度培训
5	质量巡检培训
6	安全巡检培训
7	劳务实名制培训

续表

序号	培训
8	BIM+VR 培训
9	智能安全帽应用培训
10	平台集成培训

（三）人才培养

昌平二中数字化建造人才培养方案 **表 4**

部门	岗位	培养方向	人数	培养方法
项目级	项目经理	领导策划型	1	技术培训、实际应用、技术总结、BIM 考试
技术质量部	项目总工	管理统筹型	1	技术培训、实际应用、技术总结、BIM 考试
	技术员	实际应用型	3	技术培训、实际应用、技术总结、BIM 考试
	质量员	实际应用型	2	技术培训、实际应用、技术总结
	资料员	实际应用型	1	技术培训、实际应用、技术总结
	测量员	实际应用型	1	技术培训、实际应用、技术总结
	试验员	实际应用型	1	技术培训、实际应用、技术总结
生产部	生产经理	管理型	1	技术培训、实际应用、技术总结
	工长	实际应用型	2	技术培训、实际应用、技术总结
安全部	安全总监	管理型	1	技术培训、实际应用、技术总结
	安全员	实际应用型	1	技术培训、实际应用、技术总结
劳务部	劳务负责人	管理型	1	技术培训、实际应用、技术总结
	劳务员	实际应用型	1	技术培训、实际应用、技术总结
商务部	商务经理	管理型	1	技术培训、实际应用、技术总结
	预算员	实际应用型	1	技术培训、实际应用、技术总结
合计	人才培养涉及项目部及其中 5 个重要部门、12 个重要岗位，共计 19 人			

（四）经济和社会效益

（1）本工程采取的绿色施工技术，具有提高工程节能、节地、节水、节材水平等环保效益。

（2）预期经济效益达到300万元，节省资源。

（3）“BIM + 智慧工地”技术，实现了现场信息管理，减少人力物力的投入，加快了施工进度，预计能够缩短工期2个月。

（4）本工程进行综合改进和集成优化，为钢结构装配式超低能耗建筑的建造提供高效的技术参照。

（5）提高了项目管理效率，其管理模式可为其他项目提供参考与借鉴。

（6）超低能耗被动式绿色建筑是建筑行业发展的方向，与国家可持续发展的政策保持一致，也是建筑施工水平先进性的体现，昌平区未来科学城第二中学建设工程项目在施工过程中通过开展绿色施工，采用科技创新、智慧工地等一系列新型建造方式，助推绿色节能建筑的发展，助推行业的转型升级。

特别鸣谢：北京建工集团昌平区未来科学城项目经理部

内容监制：钟远享　项目经理

王国强　项目总工

王　龙　广联达技术顾问

联合编写：赵世华　项目BIM负责人

郝　赫　项目技术专家

刘志超　广联达技术顾问

基于BIM技术的施工项目信息化管理应用——以北京三建公司赛迪科技园科研楼建设项目为例

芦东

北京市第三建筑工程有限公司BIM中心经理

李贝娜

北京市第三建筑工程有限公司赛迪项目部BIM负责人

本文以北京市第三建筑工程有限公司（隶属于北京建工集团，以下简称“三建公司”）赛迪科技园科研楼建设项目为例，通过研究项目难点、建设目标、BIM应用方案，就项目BIM实施过程，包括基础模型创建、场地平面布置、深化设计、专项应用三维展示、进度精细化动态管理及基于BIM5D的综合应用等问题展开论述，总结出基于BIM技术的施工项目信息化管理和应用方法，为施工企业信息化应用提供借鉴。

一、项目概况

（一）项目基本信息

赛迪科技园科研楼建设项目是三建公司的重点项目，将BIM技术应用到项目信息化管理实践中，依托公司强大的综合配套施工能力、先进完善的管理制度、高素质的施工管理人才，项目的 BIM 应用取得了阶段性成果。

项目位于北京市昌平区沙河镇豆各庄村 11 号院赛迪科技园内，总建筑面积 31450 平方米，建筑功能主要包括实验室、车库、人防工程及配套用房。由于工程结构复杂，主体塔楼部分采用钢框架 – 钢筋混凝土核心筒结构，中部裙房为钢框架结构，地下室为现浇钢筋混凝土框架 – 抗震墙结构，对深化设计和信息化管理提出了很高的要求。项目建成后将是赛迪工业园区的标志性工程之一，需确保工程质量合格，争创北京市“长城杯”。

（二）项目难点

1. 深化设计难

本项目机电系统复杂，管线极其密集，且机房众多，管线优化难度大，调试工作量较大，同时钢结构体系作为本项目的主要承重构件，钢结构的深化设计直接影响到整个结构的工程，对混凝土结构重钢筋与钢骨柱的碰撞优化以及指导现场施工至关重要。

2. 专项应用重点展示难

在信息化实践上，需要对关键位置进行漫游模拟，对施工专项方案进行动画展示，以便指导施工，优化流程，但是科研楼机房机电管线非常复杂，对专项应用的重点展示提出了极大的挑战，要严格把控模拟展示的精确度和准确度，才能实现对现场施工的有效指导。

3. 现场进度管理难

本项目施工工期紧张，工程量大，材料用量多，涉及功能多，专业分包也多，资源配置是否合理和专业工序穿插是否及时是实现工期目标的关键影响因素，对施工组织设计的要求较高。

4. 专业分包多，总承包的项目管理及协调难

专业分包较多、工作交叉面多，包括精装修工程、幕墙工程、建筑智能化工程、泛光照明工程、消防工程、小市政及其配套工程等多家专业分包。

（三）应用目标

三建公司希望通过 BIM 技术在本项目中的应用，解决部分实际施工难点，实现以下目标：

（1）培养 BIM 人才：共培养两类人才，一类是能够进行独立建模的基础型人才，一类是能够进行 BIM 规划与综合应用的管理型人才。

（2）提高深化能力：通过 BIM 模型创建与深化、可视化展示等基础应用，高度模拟现场的复杂系统，指导现场施工。

（3）精细化进度管控：模拟现场建造过程，实现生产进度管理流程的规范化，通过平台大数据分析，实现项目生产进度管理经验数据积累。

（4）BIM5D 综合管理：基于广联达 BIM5D 管理平台，实现对项目进度、成本、质量、安全、文档及流程等内容的有效决策和精细管理，从而达到减少施工变更，缩短工期、控制成本、提升质量的目的。

（5）总结 BIM 应用方法：通过整个项目 BIM 技术的应用，总结 BIM 技术真正落地的方法。

二、BIM 应用方案

（一）BIM 应用内容

结合赛迪科技园科研楼建设项目的施工难点以及现场实际需求，制定了本项目的具体应用内容：

（1）开展 BIM 深化设计：对土建、机电、钢结构等各个专业进行深化设计，通过碰撞检测优化管线排布，对混凝土结构重钢筋与钢骨柱的碰撞问题进行优化，减少在施工阶段可能存在的错误损失和返工的可能性，加快施工进度，降低施工成本。

（2）专项应用展示：根据现场需求，对关键位置的机电管线路由、关键部位的施工工序及施工方法、科研楼整体外观及构造进行漫游及动画展示。

（3）进度精细化动态管理：根据施工总进度计划，编制专业分包工程二级进度计划，从招标、进场、深化设计及施工规定具体的时间节点，现场采用 BIM5D 平台进行进度动态管理，科学协调各工序穿插、衔接，保证工期节点的实现，实现对整个工程项目的全过程演示及进度控制管理。

（4）BIM5D 项目综合管理：通过 BIM5D 系统项目管理平台集成全专业模型，关联施工过程中的进度、质量、安全、成本、物料、劳动力等信息，实现项目各方的协调管理，提高各部门之间沟通效率，使各部门资源共享化。

（二）BIM 应用方案

1. 组织架构与分工

本项目 BIM 实施涉及业主方、设计方、总包方、分包方等，为了项目的顺利实施，必须做到各方责任明确，表 1 说明了项目各参与方的 BIM 工作流程以及各方的职责。

项目 BIM 实施过程中各方的职责表　　**表 1**

施工阶段	业主方	设计方	总包 BIM	分包 BIM（弱电、消防等）
建设准备阶段	—	提供施工蓝图、CAD 图纸、BIM 设计模型	制定工作计划书，复核发包人提供的 BIM 设计模型；完善 BIM 模型；生成图纸问题报告	配合总包 BIM 制定 BIM 实施方案，提出己方需求
深化设计阶段	监督 BIM 实施计划的进行	与甲方、总包方配合，进行图纸深化	根据准备阶段确定的深化方案进行深化设计	配合总包 BIM 对各自专业进行深化
施工阶段	监督 BIM 实施计划的进行	配合总包 BIM 出图	模型维护，根据施工进度逐渐完成精细化建模，完成工程量统计	严格按图纸施工
运维交付阶段	按合同要求接受 BIM 成果	—	按合同要求，向业主提交 BIM 模型、图纸、文档等 BIM 成果	按合同要求，向总包提交 BIM 模型、图纸、文档等 BIM 成果

为保证本项目 BIM 工作的有序开展，需制定相应的 BIM 推进保障制度和指定相应的责任人，做到专业有专人，责任划分明确。根据本工程特点，BIM 参与人员构架组成和相应人员任务划分如表 2 所示。

BIM 岗位职责及要求　　**表 2**

岗位	职责	能力要求	资质要求
BIM 项目经理	（1）确定项目中的各类 BIM 标准及规范，如大项目切分原则、构件使用规范、建模原则、专业内协同设计模式、专业间协同设计模式等。（2）负责对 BIM 工作进度的管理与监控。（3）负责 BIM 交付成果的质量管理，包括阶段性检查及交付检查等，组织解决存在的问题。（4）负责对外数据接收或交付，配合业主及其他相关合作方检验，并完成数据和文件的接收或交付	（1）具备土建、水电、暖通、工民建等相关专业背景，具有丰富的建筑行业实际项目的设计与管理经验与独立管理大型 BIM 建筑工程项目的经验，熟悉 BIM 建模及专业软件。（2）具有良好的组织能力及沟通能力	（1）具有三个以上的不小于 10 万平方米的公共建筑施工 BIM 项目业绩。（2）具有项目管理 BIM 工程师职业资格证书。（3）具有 2 年及以上 BIM 相关工作从业经验。（4）具有 2 年及以上建筑相关工作从业经验

续表

岗位	职责	能力要求	资质要求
BIM 总技术负责人	（1）管理项目协同平台，保证各方信息的准确录入。（2）组织、协调人员进行各专业BIM模型的搭建、建筑分析、二维出图等工作。（3）负责各专业的综合协调工作	具备多个大型BIM建筑工程项目技术管理工作经验，熟悉BIM建模及专业软件	（1）具有一个以上的不小于10万平方米的公共建筑施工BIM项目业绩。（2）具有项目管理BIM工程师职业资格证书。（3）具有1年及以上BIM相关工作从业经验。（4）具有2年及以上建筑相关工作从业经验
BIM 协调工程师	（1）负责总包方BIM与设计方BIM的沟通工作。（2）负责总包方BIM与分包方BIM的沟通工作。（3）负责总包方BIM各专业间以及和驻场人员的沟通工作	（1）具备土建、水电、暖通、工民建等相关专业背景。（2）具有良好的组织能力及沟通能力	（1）具有项目管理BIM工程师职业资格证书。（2）具有2年及以上BIM相关工作从业经验。（3）具有2年及以上建筑相关工作从业经验
BIM 专业技术负责人	（1）审核BIM模型完善程度、模型出量准确性。（2）组织专业深化设计。（3）协调专业间人员的沟通工作。（4）配合BIM总技术负责人工作	（1）具备多个类似项目BIM工作经验，能熟练使用相关BIM软件。（2）有良好的组织协调能力	（1）具有建模技术BIM工程师职业资格证书。（2）具有1年及以上BIM相关工作从业经验。（3）具有2年及以上建筑相关工作从业经验
BIM 工程师	（1）负责创建BIM模型、基于BIM模型创建二维视图、添加指定的BIM信息。（2）配合项目需求，负责BIM可持续设计（绿色建筑设计、节能分析、室内外渲染、虚拟漫游、建筑动画、虚拟施工周期、工程量统计等）	具备工程建筑相关专业背景，具有一定BIM应用实践经验，能熟练掌握BIM软件的使用	（1）具有建模技术BIM工程师职业资格证书。（2）具有1年及以上BIM相关工作从业经验

2. 软硬件配置

为保障本项目 BIM 应用，本项目拟采用的 BIM 软件见表 3、表 4。

软件配置表　　表 3

序号	实施内容	应用正版软件工具
1	全专业模型建立	Revit 2017 3D Max Lumion

续表

序号	实施内容	应用正版软件工具
2	3D 虚拟漫游	Navisworks
3	管线综合优化	Navisworks
4	碰撞检测	Navisworks
5	深化设计	Revit 2017 Xsteel
6	施工场地整体规划	Navisworks Revit 2017
7	4D 施工过程模拟	Navisworks 3D Max
8	施工关键工艺展示	Navisworks 3D Max
9	土方算量	Civil 3D 飞时达
10	成本管理	广联达 BIM5D
11	绿色施工	Revit 2017 Civil 3D
12	物资管理、施工协同管理	施工全过程管理平台

项目拟配置的电脑参数 **表 4**

CPU	内存	硬盘容量	显卡	显示器
I7 3930 12 核	16G	2TB	Q6000	HKC22 寸
I7 3930 12 核	32G	2TB	Q6000	HKC22 寸
I7 4770K	32G	2TB	Q6000	飞利浦 22 寸
E5 2630	64G	2TB	Q6000	飞利浦 27 寸

3.BIM 应用流程

根据项目 BIM 应用目标及项目实际情况明确项目的 BIM 应用顺序，具体信息如下所示：

（1）在 BIM 实施前期，结合项目应用目标及应用点的选择，依托业主要求和项目特点，编制本项目的 BIM 实施标准及 BIM 实施方案。

（2）采购项目相关软硬件设施，以保证后期工作效率。

（3）结合设计规范、施工规范及施工经验，在模型搭建前，制定机电专业深化设计原则及支吊架排布原则，确保经 BIM 深化后的机电排布可以落地实施。

（4）组织对现场人员进行建模培训，搭建结构、建筑、机电、幕墙等专业模型，并按照 BIM5D 与 Revit 模型交互建模规范搭建模型，以保证模型导入 BIM5D 的可行性。

（5）根据现场需求，对各专业模型进行深化设计，提前进行碰撞检测，发现问题，提前解决。同时针对特殊施工工艺和特殊建筑位置进行动画及漫游展示。

（6）组织项目人员进行广联达 BIM5D 平台操作培训，保证项目人员能够使用模型数据以及完成基于 BIM5D 的项目管理应用。

（7）使用 BIM 平台对模型及数据进行文档的管理及业务应用，确保全过程文件留存；对现场流程管理进行提前设置，实现多方的线上流程审批，使流程关键节点清晰，便于跟踪和问题追溯。

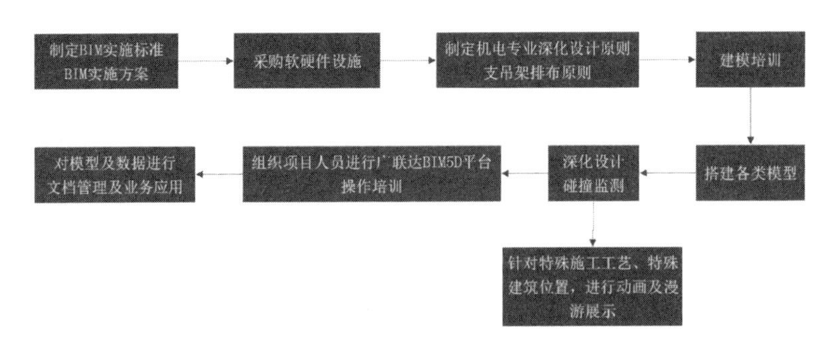

图 1 BIM 应用流程概要

三、BIM 实施过程

（一）BIM 实施准备

1. 制定 BIM 实施方案

在项目初期，首先结合项目特点及重难点情况，编制项目 BIM 实施方案，以此统领后期 BIM 工作。在建模前期，初步完善了项目各专业建模标准、族库规范以及平台应用规范，为后期项目模型的顺利创建提供了基础保障。

2. 进行 BIM 实操培训

在项目 BIM 工作开展各个期间进行分阶段、分层次的 BIM 软件及技能培训工作，具体培训的内容如表 5 所示。

BIM 实操培训　　表 5

序号	培训专项	培训内容	培训目标
1	BIM 基础理论培训	PPT 课件	掌握 BIM 发展、现状以及国家政策等
2	建模类软件培训	Revit 套件	掌握土建及机电专业建模操作，包括图元基本操作、标高轴网及结构模型搭建、建筑模型搭建及场地机电各专业（给排水、暖通、电气）模型搭建
3	广联达 BIM5D 操作方法培训	BIM 实施全流程	掌握项目实施流程及实施注意事项，掌握进度管理、质安管理、图纸管理、流程管理等操作

3. BIM 人员及软硬件配置

采购相关软硬件设施，BIM 相关人员全部到位，软件 BIM 实施人员进场服务，提前进入工作状态，保证后期工作效率。

（二）BIM 实施过程

1. 各专业基础模型创建

根据施工图纸进行赛迪科技园科研楼建设项目，建立、整合施工阶段的 BIM 模型。BIM 模型主要包含土建模型、机电模型、幕墙模型、装饰模型、室外管线模型、施工场布模型、施工进度模型等部分。

2. 场地平面布置

本工程场地狭小，为满足现场材料堆放及加工的需求，项目基于 BIM 技术进行了施工现场布置，划分功能区域，合理安排办公区、库房、加工厂地和生活区等的位置，尽量减少占用施工用地，使工程场地平面布置紧凑合理，能够直观地反映施工现场周边环境情况，保证现场运输道路畅通，更好地利用现有场地，克服场地狭小的缺陷。

3. 多项深化设计

本工程通过 BIM 技术对项目的重点或难点部分深化设计，施工方也可以进一步对原有安装方案进行优化和改善，以提高施工效率，减少工程变更的浪费。

（1）预留孔洞深化设计

对机电管线结构的预留洞孔位置进行 BIM 模拟和定位，出具三维洞口排布图和位置说明，以使孔洞的位置和尺寸更加准确，降低施工中的返工核对成本及对施工进度的不利影响。

（2）粗装修净高分析

净高分析需要综合考虑深化后的各系统、各专业模型，在保证符合规范的前提下，确保地面和吊顶的标高准确性，达到最合理的空间利用效果。

（3）砌体深化设计

采用 BIM 技术，通过调整灰缝间距和砌块尺寸等参数，可以将墙体中反坎、斜压顶、构造柱等构件精确布置，导出准确的砌块用量，有针对性地进行材料堆场。与传统方式的现场提量相比，这样不但可以节约材料约 10%，还可以减少二次搬运和施工垃圾，达到降本增效、文明绿色施工的目的。

（4）机电深化设计

本项目机电系统复杂，管线密集，因此利用 BIM 技术三维可视化的特点在施工前期、中期可以对 BIM 模型进行碰撞检测以及查漏补缺工作。检查机电管线之间、管线与建筑结构之间的碰撞点，将检查出的问题形成碰撞检查报告，然后根据碰撞检查的流程进行审核，审核通过后依据综合管道布置原则进行模型修改。这样既可以优化项目设计，减少在建筑施工阶段可能存在的错误损失和返工的可能性，又加快了施工进度，减低了施工成本。

1）复杂位置管综：项目 BIM 工程师根据设计 BIM 模型，提供设计纠错、模型信息缺陷报告、碰撞检查报告，以协助设计人员进行管线综合，在施工前完成管线优化。

2）机电样板间：通过 BIM 模型综合协调机房，确保在有效的空间内合理布置各专业的管线，以保证吊顶的高度来辅助现场施工。

3）制冷机房：根据深化图纸和系统图，理清管道系统的走向，结合现场的施工及设计意图，对制冷机房进行深化，优化管道走向。

（5）钢结构深化设计

依据钢结构深化图纸，对钢结构节点、复杂梁柱节点进行模型建立工作，校核钢结构开孔位置，通过三维模型直观展示复杂节点钢筋相对位置，指导现场施工。

（6）装修深化设计

采用BIM技术进行室内装饰构件建模（如窗帘盒、吊顶、木门、地面砖、室内墙面、地面、吊顶、隔断等），进而进行室内陈设布置以及墙面砖、成品木门、轻钢龙骨石膏板吊顶等内容展示，提前呈现装修效果，辅助进行装修工程施工指导。

4. 专项应用三维展示

（1）科研楼模型整体漫游展示：通过对赛迪科技园科研楼模型进行整体漫游，

直观呈现科研楼的内部构造及外观造型，使项目成员在项目施工阶段对科研楼构造及造型加深理解。

（2）办公室内部三维漫游展示：对办公室进行室内陈设布置，墙面砖、成品木门、室内家具等内容预先展示，提前呈现装修效果，辅助进行装修工程施工指导。

（3）关键施工工艺动态展示：根据现场需求，对项目基坑土方挖运施工方案进行模拟，对施工过程中的关键工序，包括疏干井施工、土钉墙施工以及护坡桩施工均进行动画展示，确保各项施工方案的合理性，有效提高了沟通效率和施工质量。

5. 进度精细化管理

利用广联达BIM5D管理平台，整合各专业模型，对整合后的模型进行流水段划分，再将流水段与施工进度计划进行关联，以此达到模拟现场施工的目的。

BIM5D进度施工模型包含了各种构件的材料信息和资源信息，施工前进行可视化施工模拟，对施工的组织和安排、材料的供应关系以及资金供应等提前进行沟通和协商。在施工模拟阶段，自动根据资源和工期要求，合理分析进度计划的准确性并进行进度优化，从而保证进度计划合理开展。

6. 基于BIM5D的项目综合管理

本工程采用以模型为辅、应用为主的观念，在BIM5D管理平台中集成全专业模型，以模型为载体，关联施工过程中的进度、合同、成本、质量、安全、图纸、物料等信息，为项目提供数据支撑，实现有效决策和精细管理，从而达到减少施工变更，缩短工期、控制成本、提升质量的目的。

（1）进度管理：项目管理人员通过录入进度信息，便可将实际进度与计划进度进行实时对比，系统会自动对滞后工作提出预警提示，确保实体任务的按时完成。另外，通过施工现场阶段性采集的形象进度照片，各方领导可以随时查看现场的形象进度，在技术的支持下，对现场钢梁、钢柱等构件进行加工、运输及安装的全程信息化跟踪管理。

（2）质量安全管理：施工要求“过程管理，管理留痕”，现场管理人员发现问题后，手机拍照上传至平台，推送给责任人，责任人整改完成后，将整改完成的部位重新拍照上传，推送给发起人进行验收，合格后即可关闭问题，形成闭环。

通过手机端与网页端的联动，直接从 BIM5D 管理平台网页端中提取信息，生成质量和安全周报，对于集中频发的质量或安全问题，召开具有针对性的专题会议，制定整改预防措施。

（3）安全定点巡视：通过 BIM5D 网页端设置定点巡视位置、巡视频次以及巡视人员，并生成二维码，安全巡视人员扫描二维码进行巡视，巡视未完成会发出预警和通知，项目管理人员可以通过手机端随时掌握项目安全施工状态，进一步优化安全管理的控制手段。

（4）资料管理应用

将项目资料结构化拆分，进行多级目录管理。项目相关文件（如：图纸、施工方信息、技术交底文件等）上传至 BIM 云并及时更新，所有人均可随时随地查询所需信息，同时，对文件夹进行权限设置，以防止文件的丢失及泄密，保证资料的完整性和可操作性。

四、BIM 应用效果总结

（一）效果总结

（1）深化设计：赛迪项目利用 BIM 技术使各参建单位提前介入，进行各专业协同，解决图纸问题 305 处，优化设计节点 65 处，为项目部提供可靠技术准备，使图纸问题对施工的影响几乎为零。

（2）专项应用展示：利用 BIM 技术进行模拟优化、三维渲染、漫游及动画展示，确保各项施工方案的合理性，有效提高了沟通效率和施工质量。

（3）进度精细化动态管理：通过 BIM5D 进度施工模型，实现对整个工程项目的全过程演示及控制管理，对施工的组织和安排、材料的供应关系以及资金供应等提前进行沟通和协商，合理分析进度计划的准确性并进行进度优化，从而保证了项目进度计划的合理开展。

（4）BIM5D 项目综合管理：利用 BIM5D 管理平台中的三端一云，将传统粗放式的项目管理转变为基于 BIM 技术的精细化管理，提高了工作效率，不但使得管理留痕，避免了扯皮，而且通过信息传递，有效避免了“拍脑袋”式的决策，使得决策有理有据。

（二）方法总结

（1）形成 BIM 技术在施工总承包管理模式下的应用流程以及包括建模标准、BIM 模型管理标准、BIM 技术应用实施方案、实施流程、深化设计方案在内的相关技术标准流程。

（2）制定 BIM 实施方法，包括 BIM 工作管理方案、文件会签制度、BIM 例会制度、质量管理体系等管理制度，保证本工程 BIM 技术的实施。

（3）BIM 人才培养总结：本工程 BIM 技术的应用实施，达到了预定的应用目标，为公司培养了一批 BIM 应用骨干人员。

物联网大数据背景下的企业信息化建设——北京建工路桥集团信息化建设及探索

邵继有

北京建工路桥集团有限公司总经理

一、企业概况

（一）企业基本信息

北京建工路桥集团有限公司，成立于 2000 年 6 月 26 日，是以市政、公路、建筑施工总承包为主业，以项目投资、建设运营、金融服务、建材购销、咨询、物流商贸为配套的综合投资企业集团。北京建工路桥集团注重优质履约，崇尚科技创新，攻坚克难，缔造了多项“路桥速度”与精品工程。在市政基础设施、轨道交通、公路、工民建、综合管廊、园林绿化施工方面积累了明显技术优势。作为首都轨道交通建设的中坚力量，先后建设 6 项地铁车辆段工程，技术处于国内领先水平。获得鲁班奖 2 项，詹天佑奖 3 项，全国市政金杯示范工程 3 项，省部级安全、质量奖项 50 余项。获得国家级工法 1 项，北京市工法 1 项，专利技术 20 余项。

（二）信息化建设背景

当代建筑行业信息化技术飞速发展，公司领导层逐渐意识到，信息化建设是为企业管理标准化体系管理效率和质量不断提升服务的。只有真正解决了管理标准化体系的落地问题，信息化系统成为提升企业管理“加速器”的初衷才可能实现。

北京建工路桥集团勇于尝新，于2018年4月开始进行快速的信息化平台建设。在企业信息化建设之前，我们能够感受到，还有很多问题亟待解决，如：一直以来公司缺少统一规划，各业务需求部门独立立项、独立建设；对信息化认识和信息化工具的功能使用不足，主要侧重在流程审批，对信息系统与管理体系的深度融合和互相促进认识不足；缺少自身的系统策划及论证能力、统一规划设计能力和系统运维能力，需要建立和培养相关的人员团队。

公司希望通过先进的信息化技术，加强项目精细化管控，提升人员效能。企业信息化建设肯定离不开项目的管控，信息化建设是一种“项企一体化”的互联互通型建设。企业层不但要在流程上形成信息化闭环，还要能够关联项目，对项目的信息化进行赋能和管理。而项目层既要提升现场施工的工作效率，优化项目部的管理水平，还要实现项目数据与企业数据的打通，上下一心，以信息化手段为媒介，促进从企业到项目的全面数字化，进而实现公司整体管理模式升级。

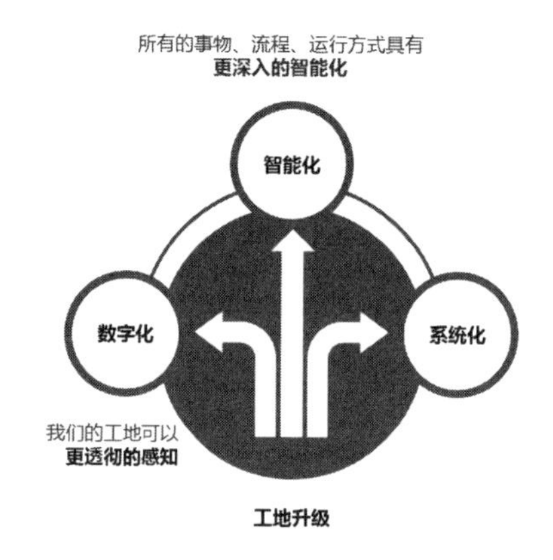

图1 信息化技术助力工地管理升级

因此，从 2018 年 7 月开始，北京建工路桥集团已经在重点项目中锁定试点，陆续与广联达合作搭建项目智慧工地平台。过去，在项目管理过程中，总会出现因对二维图纸认知不统一而导致施工时不断出现拆改返工的现象；或管理人员效率低，总被重复性劳动缠住手脚；或安全质量检查和整改不及时、少记录、无法追责等问题。项目计划应用“BIM+ 智慧工地”，利用三维建模虚拟建造、方案模拟智能巡检、劳务管理系统等手段，解决过去施工和管理的各类问题，提升项目施工效率。

项目信息化平台搭建目标：

一个平台：能应用于管理的管理监控平台。

一套流程：标准化管理和应用流程。

一个团队：培养内部应用信息化系统应用团队。

一个中心：应用于项目管控的指挥中心。

二、“BIM+ 智慧工地”应用方案

（一）平台的选择

对平台的核心需求：（1）借助“BIM+ 智慧工地”平台，加强品牌建设；（2）数据信息采集，满足项目管控和科学决策需求；（3）打通企业和项目间的信息孤岛。

在平台的选择上，广联达深耕建筑行业多年，与众多施工企业有过紧密合作，其信息化产品也在全国数百个项目实践中得到了验证，并且，还在通过不断总结以完善项目管理思想与方法。广联达结合 PDCA 的工作原理以及变革管理的原理与思想，更新迭代理论与产品，在此基础上，形成了一套相对成熟的方法论体系和平台解决方案。

因此，我们的“BIM+ 智慧工地”平台选择了与广联达合作，以智慧工地平台为核心，建设智慧工地，以 BIM5D 为核心，攻克项目施工中的难关。

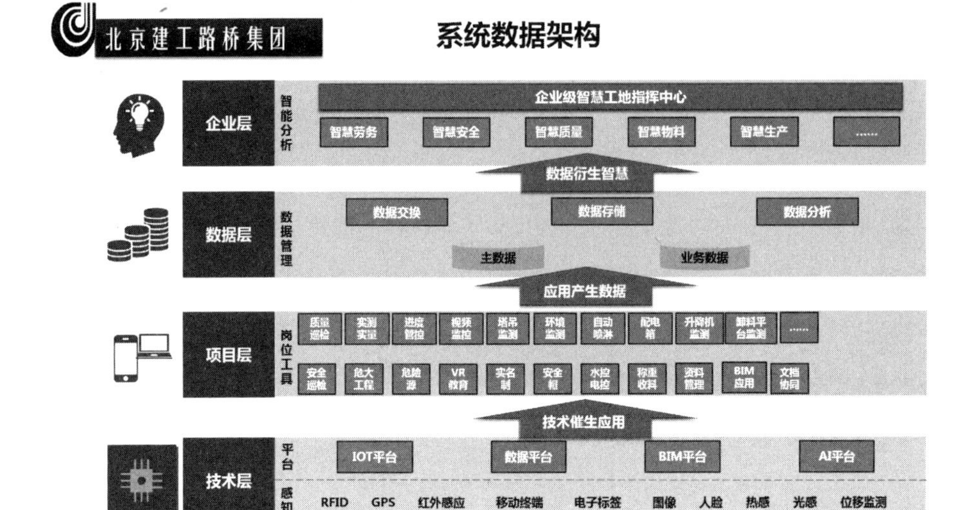

图 2 “BIM+ 智慧工地”系统数据架构

（二）信息化建设组织架构

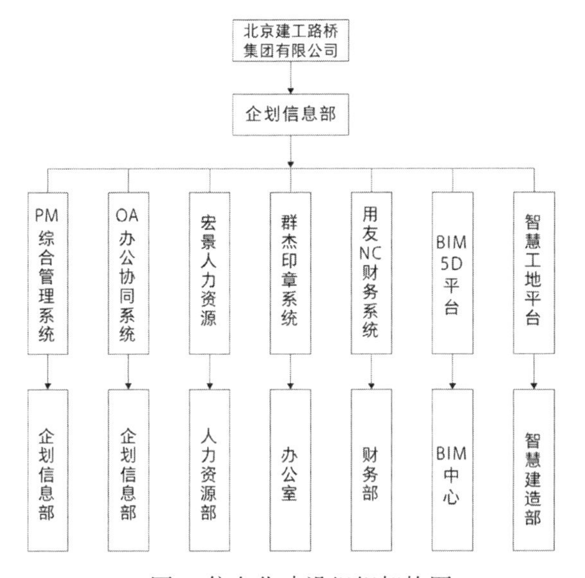

图 3 信息化建设组织架构图

主要部门岗位职责 **表1**

主要部门	岗位职责
企划信息部	各部门协同合作硬件、软件设备管理与维护等工作以及信息系统维护与资源管理，负责公司信息化建设，根据公司发展需要制定公司信息化建设规划，负责公司管理制度和标准的制定，组织对计划完成考核
人力资源部	负责建立、建全公司人力资源管理系统，确保人力资源工作按照公司发展目标日趋科学化、规范化，负责人力资源系统的信息录入工作
办公室	负责印章系统的流程与使用制度的编制，负责日常使用问题的总结
财务部	负责软件系统数据录入及使用问题汇总
BIM 技术中心	编制企业 BIM 实施计划，组建实施团队，确定项目中的各类 BIM 标准及规范以及大项目切分原则、构件使用规范、建模原则、专业内协同设计模式、专业间协同设计模式等
智慧建造部	协助总工程师制定公司智慧工地建设规划，负责制定公司及平台策划方案，负责公司智慧工地实施标准编制，项目智慧工地实施策划审核，项目智慧工地功能集中培训，负责智慧工地整体运转数据监督及日常维护

三、信息化建设过程

信息化建设历程 **表2**

第一阶段：网络、协同平台及 OA 建设阶段	
2018 年 4 月 ~ 2018 年 10 月	OA 系统及 HR 系统一期建设
第二阶段：核心业务系统建设及集成	
2018 年 7 月 ~ 2018 年 12 月	“BIM+ 智慧工地”系统应用试点实施及总结
2018 年 7 月 ~ 2019 年 9 月	核心 PM 项目综合管理系统建设，初步形成系统集成
2019 年 1 月 ~ 2019 年 6 月	智慧工地企业级平台上线
2019 年 6 月 ~ 2019 年 12 月	全面推广智慧工地各版块应用
第三阶段：深入开发及应用阶段	
2019 年 10 月 ~ 2020 年 12 月	系统深入建设及应用，系统集成及决策分析门户深度建设；“BIM+ 智慧工地”引进 AI 技术试点应用
第四阶段：持续优化阶段	
2020 年 12 月 ~	信息化系统持续优化升级

四、信息化建设效果总结

（一）方法总结

项目综合管理系统：对项目全生命周期进行实时管控，依托系统解决跨部门跨领域的复杂问题，实现更高的运营效率，提高企业风险管控能力。

办公协同系统：以“工作流”为引擎，以“知识文档”为内容，以“信息门户”为窗口，为企业内部人员提供共享信息，高效协同。

人力资源系统：加强企业内人力资源业务的集中管理和协同，支持集团管控、目标管理、领导决策等。

NC 财务系统：支持企业全面预算控制，对经营行为进行事前编制、事中控制、事后分析。

“BIM+ 智慧工地”：整合设计、施工到营运阶段全过程产生的信息，主要用于指导施工管理、质量安全管控、经济性对比分析，实现从人管向技管的升级。

（二）建设效果

通过信息化建设，我公司的昌平南延 08 标项目被评为“数字中国 智慧工地”top100 全国示范基地，公司成为智慧工地建设全国领军企业，大大提升了企业形象。建设单位对项目应用的成果表示肯定，在后续工程中再次中标 30 亿的项目，多家来访的业主单位都表达了合作的愿望。此外，信息化建设效果主要体现在解决实际施工问题和优化管理工作等方面，总结如下：

1. 效益总结

对公司来说，通过应用“BIM+ 智慧工地”平台，能对所有在施项目的安全、质量、劳务等核心信息进行实时动态统计，并且能够对分公司和项目的使用频率及整改率排名，实现超期、重大隐患的预警。此外，每周自动形成的周报表和汇报材料，为各类例会节省了大量时间，公司企业级平台直接穿透到数据底层，给公司总体管控项目提供了有效的辅助措施，有据可查、有据可依。

对项目来说，主要解决了很多具体的施工问题，如：现场安全、质量检查变成手机APP“点一点”的问题流转，可实时敦促整改；劳务实名制打卡结合人脸识别技术，使考勤自动化，省时省力，还能自动生成各项劳务报表，与我们的劳务管理挂钩；BIM三维交底与VR安全教育，可以提前模拟施工过程，进行专业管线综合排布，避免多次返工；利用斑马进度软件实时掌握现场进度情况，将计划工期与实际工期进行对比，提前对工程施工进度预控等。随着技术的逐渐深入，项目上的数字化意识正在慢慢培养起来，很难去量化应用了哪一款软件节省了多少成本，但是这些肉眼可见的改变聚合在一起，确实节省了大量的人力、物力、财力。

2. 人才培养

信息化建设人才培养计划 **表3**

人才类别	数量（名）
信息化专员	2
BIM中级工程师	5
进度计划编制人员	8
场布软件及BIM5D软件操作人员	5
信息化平台管理人员	5

项目形成了一支专业的信息化系统应用团队，为加快路桥集团信息化发展储备了专业的技术人才。

“BIM+ 智慧工地”在地铁项目中的应用实践

刘丙宇

北京建工路桥集团有限公司总工程师

一、项目概况

（一）项目基本信息

北京地铁 27 号线二期（昌平线南延）工程西二旗至蓟门桥段，北起西二旗站、南至 12 号线蓟门桥站，沿线经过京新高速、小营西路、京藏高速、学清路、学院路、西土城路。线路长 12.6 公里，新建车站 7 座，其中换乘站 5 座，分别为清河站、上清桥站、六道口站、西土城站、蓟门桥站。未来或将继续南延到国家图书馆站，“握手”地铁 9 号线，与 9 号线贯通后线路全长约 63.4 公里。

昌平线南延工程采用与昌平线相同的 B 型车六辆编组，不新增车辆基地，而是利用十三陵车辆段预留用地解决新增车辆的停放需求。十三陵车辆段工程由北京建工路桥集团有限公司承建，于 2017 年 8 月开始建设，并于次年 8 月开始搭建项目信息化平台。十三陵车辆段的扩建以排架结构为主，扩建后的车库可由原停放 24 列车增加到停放 60 列车，工程预计 2020 年年底完工。

（二）项目难点

1. 车辆段周围既有建筑密集，施工场地狭小

昌平城铁十三陵车辆段已投入使用，新建停车列检库与新建辅助间为预留用地，紧邻既有停车列检库。

2. 排架柱安装质量和施工部署控制

本工程新建停车列检库设计钢筋混凝土排架柱 270 根，高度 10 余米，确保成排预制柱的安装精度对测量控制要求很高。

3. 大跨度钢屋架安装的施工安全质量控制

本工程新建停车列检库设计采用钢屋架，跨度 21 米。大跨度钢屋架安装施工安全质量控制是本工程重点之一。

4. 多专业、多工种、多施工单位的施工组织管理和协调

本工程施工范围包括了土建工程、装修工程、机电安装工程、道路工程、室外工程、铺轨、地铁信号施工等，涉及众多专业，需组织众多专业工种进行作业施工。

（三）应用目标

树标杆：把昌南08标项目建设成为北京建工路桥集团标杆项目，做到施工信息化、智能化、标准化、科学化，充分体现北京建工路桥集团信息化水平。

强管理：通过“智能生产调度指挥系统”提供的各种信息数据，实现统一指挥工人、队伍、统一落实资源组织；直接控制现场作业，掌握现场的作业进度，切实提高现场作业质量，保证安全生产管理，实现精准管理、精确调度，保障项目按时交付运营；在技术手段上实现革新，从而降低企业管理成本，提高项目收益；总结出一套管理流程，建立一套实施标准，组建一支项目信息人才综合性管理团队。

平台化：建设一个智慧工地系统平台，把安全、质量、劳务、进度数据集成到

一个平台整合，以信息化的手段支撑整个建造过程，达到安全质量巡检智能化，劳务人员管理全面信息化，同时使施工方案实现模拟优化，交底实现直观可视化。

二、“BIM+ 智慧工地”应用方案

（一）应用内容

1. 项目分区信息化应用

“BIM+ 智慧工地”应用方案在办公区、施工区、生活区 3 个区域内是如何实现信息化应用的呢？请参考图 1

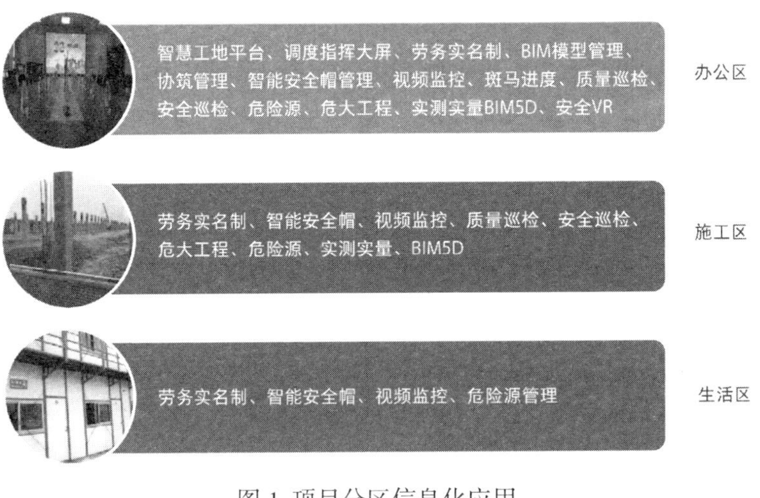

图 1 项目分区信息化应用

2. 智慧工地平台

（1）项目劳务分包队伍管理：劳务实名制系统、智能安全帽系统、安全 VR 教育。

（2）安全质量管理、巡检。

（3）实测实量。

（4）危险源管理 。

（5）危大工程管理。

（6）各专业三维模型整合。

3. BIM5D

（1）施工模拟和方案优化；

（2）构件跟踪

（3）生产管理；

（4）资料管理

（5）三维场地布置动态管理；

（6）三维技术交底。

（二）应用方案的确定

“BIM+ 智慧工地”应用方案的确定也就是对工具类、平台类、辅助类软件的确定（图 2）

类别	软件
工具类	Revit　Sketchup　BIM 场地布置　斑马进度　Project2013
平台类	BIM5D 平台　智慧工地平台
辅助类	Navisworks　Lumion　Civil3D

图 2　“BIM+ 智慧工地”应用方案的确定

1. 软件配置

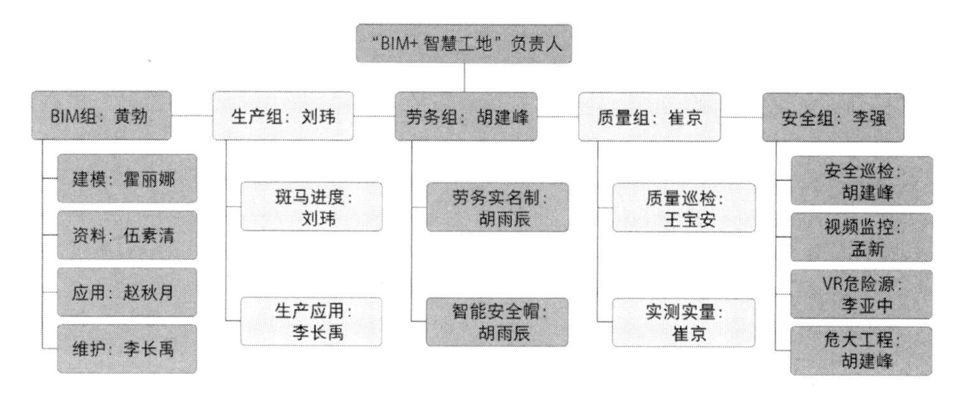

图 3 "BIM+智慧工地"应用方案实施顺序

2. 组织架构

软件配置完毕后，还应在组织架构上确定各岗位的职责。

岗位职责表　　表 1

分组	职责
BIM 组	建模、模型浏览、虚拟化交底、专业管道碰撞
生产组	进度计划的实施、时间节点的调控、质量与安全巡检问题的整改
劳务组	劳务人员进场录入、现场劳务实名制打卡的落实、劳务人员信息的统计分析
质量组	质量巡检数据采集、问题填报及复查、质量问题分析
安全组	安全巡查数据采集、危大工程检查数据采集、VR 安全教育及安全问题分析

3. 实施顺序

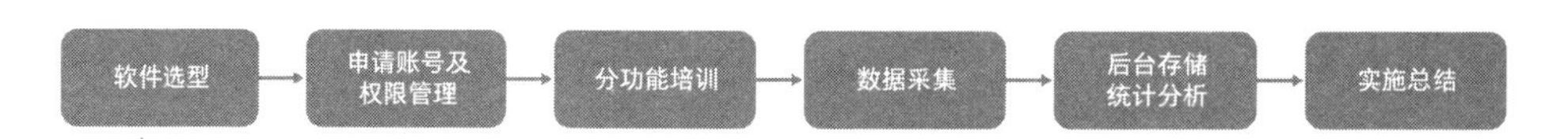

图 4 "BIM+智慧工地"应用方案实施顺序

三、“BIM+智慧工地”实施过程

（一）实施准备

1. 项目启动

本项目于2018年8月2日第一次进场沟通，8月9日召开项目启动会正式开始实施。行政、质量技术、安全、生产、商务、劳务6个部门参加项目启动会，涉及人员包括领导4人、行政1人、技术质量5人、安全3人、生产4人、商务3人、劳务1人，总计21人。

2. 人员培训

实施培训34天，业务方案梳理39天。项目各模块整体培训9场，小规模讲解若干次。大规模（多部门、3人以上、有项目经理参与）沟通20次，小规模沟通若干。

3. 基础方案标准

经过前期沟通学习，形成了一套可推广的项目整体信息化应用方案，覆盖项目管理层和生产、质量技术、安全、劳务等部门。方案包括生产管理、质量管理、安全管理、人员管理、进度管理、资料管理六大板块，整理安全、质量、劳务、进度等管理流程及岗位流转程序共计14个，为BIM技术和智慧工地在项目的开展实施奠定了最初的指导思路。

（二）实施过程

1. 劳务管理

工人管理：使用劳务实名制系统与智能安全帽结合的方案。工人进场时通过身份阅读器读取身份证信息进行实名登记，采用动态人脸可见光识别系统对工人进行统计分析管控，并辅以智能安全帽系统对工人进行定位，实现人员管理自动化，实时查看施工情况，形成档案生成报表，为辅助考勤、任务管理、工资发放和绩效评价等提供可靠数据。

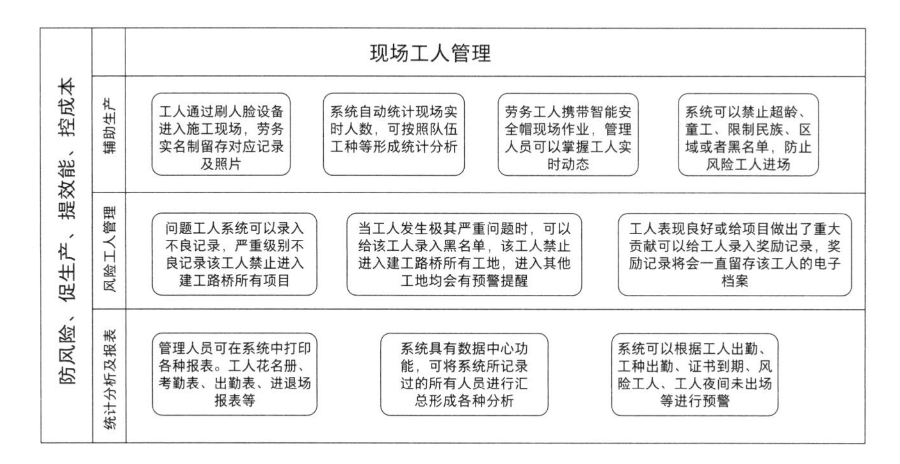

图 5 “BIM+ 智慧工地”应用方案现场工人管理

分包管理：与以往分包管理不同的是，本项目基于“BIM+ 智慧工地”技术，将劳务分包队伍加入管理系统中，分包单位需要将相关资质信息报备项目相关人员，由项目负责人将分包信息完善至分包名录，从而帮助企业积累分包单位大数据。与公司合作过的劳务分包均会在系统中留存对应记录，合作过的分包可以直接选择进场。同时，项目会定期对分包使用进行评价，一旦发现问题，直接填写不良记录，形成公司自己的分包队伍黑名单，为未来长远的分包合作提供真实的数据依据。

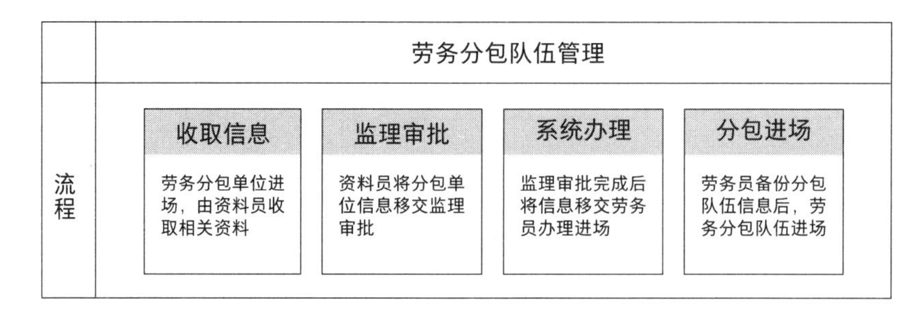

图 6 “BIM+ 智慧工地”应用方案劳务分包队伍管理

2. 安全质量管理

VR 安全体验教育：施工现场设置 VR 体验室，每月至少开放 3 ~ 4 次。工人可以在室内进行触电、电锯伤害、高空坠落、火灾、基坑坍塌、机械伤害、物体打击等危险源的实景体验及预防过程。工人进场前必须进行安全教育，安全教育完成后进行考试，所有的进场工人必须通过考试。考试合格后，针对进场人员播放安全 VR 危险源事故发生及预防视频，从而提高安全教育效果，加强工人安全意识。

安全、质量巡检：项目全部管理人员负责安全和质量巡检，现场如果没有发现问题或者所发现问题已经解决，直接拍照选择今天所查区域及项目，录入排查记录作为工作记录。对于所发现的问题未能及时解决的，对应管理人员会通过手机 APP 发起隐患流程，设置好整改部位、责任人、隐患等级、整改时限和整改要求等，并附上照片，直接通知相关责任人，此外针对严重问题，系统会自动推送至项目经理。整改完成，流程转回到排查人进行复查，复查合格后流程才能正式闭环结案。以此来保证问题落实到人，责任明确、分工明确、追责明确。

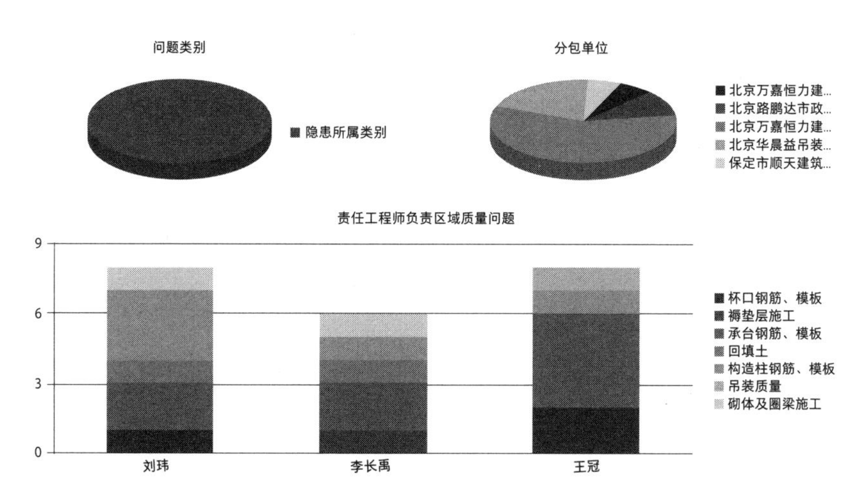

图 7 “BIM+ 智慧工地”应用方案安全 / 质量巡检地

3. 进度管理

通过斑马进度计划绘制的双代号网络图，我们可以清楚地看出工序之间的逻辑关系，快速找出关键线路，针对重点部位进行重点把控。通过前锋线，可以将实际工期与计划工期进行对比，也可以对进度计划进行快速调整，寻求最优赶工期方案，提前对施工全过程，包括施工阶段材料用量、施工工序、可能造成延误的因素等进行了全方位模拟和分析，提高项目管理的决策效率和精准度，实现基于进度计划的动态资源管理。

4. BIM5D 系统

模型整合：本项目利用 Revit 进行土建、钢构等专业建模，并进行停车列检库和辅助间的 BIM 深化设计。随后，通过广联达场地布置软件，搭建施工现场布置模型。最终，将所有模型集成在广联达 BIM5D 平台中，将工程计划与模型挂接，完成前期的虚拟建造。提前规避风险，完成施工组织优化，确认最终的施工方案。在这个过程中，搭建本项目的建筑信息数据平台库，形成工程数据库，为现场管理提供协同、高效的信息共享平台。

三维技术交底：运用 BIM 技术，将工程中的基础施工、预制柱吊装以及钢屋架拼装等危险性较强、需要重点交底的部分，制作成工序模拟视频，上传至智慧工地平台，通过模拟视频教育，对工人进行可视化技术交底，使其能够更直观地感受和了解具体的施工流程。

构件跟踪：本项目的预制柱、钢屋架、屋面板等，都是在加工厂里制成的成品、半成品，进入现场再进行吊装。通过运用构件跟踪系统，每一个构件从出厂、运输到现场验收，全程都能被自动跟踪，便于项目部及时进行物料和进度管理。

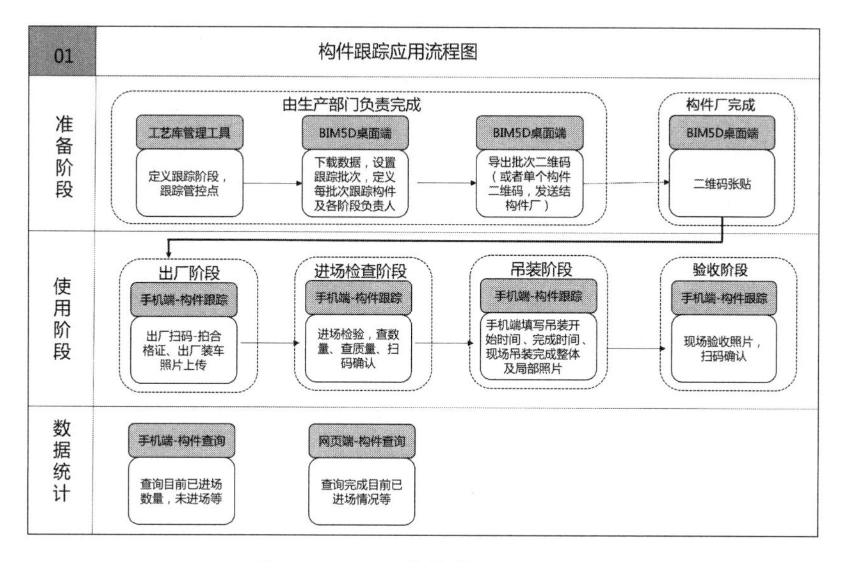

图 8 BIM5D 系统构件跟踪应用流程图

四、“BIM+ 智慧工地”应用效果总结

（一）方法标准

通过项目“BIM+ 智慧工地”的使用，建立了 14 个标准化管理和应用流程，在全公司内推广应用，内容涉及深化设计流程、构件跟踪应用流程、生产应用流程、安全质量巡检流程、实测实量流程、危险源管理流程、危大工程管理流程、进度管控流程。完成了北京建工路桥集团《BIM 应用标准》和《智慧工地实施标准》2 个标准的编制。

（二）人才培养

培养了 BIM 中级工程师 5 名；斑马双代号网络进度计划编制人员 8 名；场布软件及 BIM5D 软件操作人员 5 名，信息化平台管理人员 5 名，形成了一支专业的信息化系统应用团队，为加快路桥集团信息化发展储备了专业技术人才。

（三）社会荣誉

昌平南延 08 标项目被评为“数字中国 智慧工地”top100 全国示范基地，通过交流会的形式对“BIM+ 智慧工地”情况进行讨论学习，吸引专家教授、中央电视台等众多专业人士进行线下交流。目前举办交流会 9 场，参考方包括中外企业 16 家、大学 3 所、媒体 23 家。通过“BIM+ 智慧工地”的实施推广，建设单位对项目应用的成果表示肯定，在后续工程中再次中标 30 亿的项目，多家业主单位表达了合作的愿望。

代表企业二：河南科建利用数字建筑平台成功实现弯道超车

2015年底河南科建开始数字化转型的探索，从锦艺四季城C地块项目作为BIM技术应用的试点开始，越来越多地项目采用BIM5D平台，随之遇到了数据管理的瓶颈，为此河南科建引入广联达“企业BI数据决策平台”，各项目管理数据集中在平台上呈现。

河南科建在第一个项目试点BIM5D平台后，就识别到BIM5D平台在降本增效方面发挥的巨大作用，截至目前“应用BIM5D平台的新开工项目普及率为100%”为企业的数字化转型之路奠定了坚实的基础。如息县高级中学一期建设项目凭借全生命周期的BIM应用，实现了工程实体数字化和项目管理过程数字化，实现了150日历天准时竣工验收、无伤亡事故发生、验收一次性通过，获得“信阳市安全文明工地及绿色示范工程”的称号。下文将详细介绍河南科建的数字化转型之路。

数字化转型助推企业高质量发展

袁学红

河南科建建设工程有限公司董事长

河南科建建设工程有限公司成立于2008年，由于企业成立较晚，在人才积累、技术积累、资源积累等方面相较河南省内先进企业差距较大。公司初始资质等级为暂三级，用了6年的时间才升级到房屋建筑、市政工程一级资质。企业长期由于资质等级较低，能够承接的工程数量较少，这在很大程度上制约了企业发展的速度。近几年建筑市场的萎缩导致竞争加剧，企业生存压力大，且随着国家对环境治理力度的加大，企业生存能力和赢利能力都受到很大的考验。因此企业的高质量发展成为头等大事，数字化转型发展成为河南科建的迫切需求。

河南科建对数字化转型发展的探索始于2015年12月接触BIM技术。2016年，公司安排公司副总参加河南省建协组织的BIM技术培训，而后开始内部员工BIM技术的培训并开展项目BIM技术应用。2017年6月份，公司选择锦艺四季城C地块项目作为试点，开始了基于BIM技术的广联达BIM5D平台应用。目的就是树立项目管理数字化的样板，为项目管理数字化积累经验。2018年BIM5D平台得以在新开工项目中推广应用，并取得了良好的效果。各项目在BIM5D平台的深度应用过程中，积极地反馈应用意见和需求，引起了广联达科技术股份有限公司产品部的高度重视，对我们提出的意见和需求给予积极的响应。

随着项目平台数量的增加，各平台产生数据也越来越多，项目数据的整理、分析和应用难度也开始变大，公司对项目数据的管理遇到了瓶颈。为解决项目平台产生的数据管理瓶颈问题，公司引进广联达“企业 BI 数据决策平台”，各项目管理数据集中在平台上呈现，实现了各项目之间管理数据的横向对比，并且评价数据真实，杜绝了传统项目对比过程中主观因素影响较大的不足。同时也实现了单个项目不同阶段的纵向对比，及时发现项目管理能力相比上月或者上一季度是提升了还是退步了，实现了项目管理的动态评价。公司还与广联达积极合作，开展目标成本管理及过程成本数字化的相关工作，为企业实现成本管理数字化、在线化、智能化打下坚实的基础。2019 年 5 月，在数字项目管理平台普及深度应用的基础上，公司引进广联达智慧工地系统并取得良好效果，项目安全管理、绿色施工、劳务管理方面的管理效率再度提升。

目前，公司已实现 BIM5D 平台、数字项目 + 智慧工地系统平台、企业 BI 数字决策平台、协同办公系统、人力资源管理系统多个信息化系统的联合应用，各平台之间数据互通互联，公司信息化管理初见成效。

2018 年公司承建的郑州恒大绿洲项目荣获“中国建设工程鲁班奖”，BIM 技术在前期策划、方案交底及实施阶段发挥了关键性的作用。

各项目分部分项工程一次验收合格率达 91%，安全隐患问题各分类比率趋向平均，安全隐患按时整改完成率明显提升。2017 年选定的 BIM5D 试用项目已经竣工，项目质量管理目标、安全及文明施工管理目标以及利润目标均已完成。项目质量提升明显，经济效益相较对比项目也有明显提升。项目管理团队成长速度和人才培养能力较传统管理模式的项目提升明显，原项目管理团队现已经拆分为两个项目部，管理项目的规模是原来项目的 2 倍且管理状态良好。

自 2017 年以来，公司 BIM 中心及项目 BIM 工作站获得河南省“中原杯”BIM 大赛一等奖 2 项、二等奖 1 项；获得“龙图杯”大赛三等奖 1 项；入围中国建筑业协会第四届 BIM 大赛一等奖 1 项；河南省建筑业企业“具备 BIM 技术应用能力”等级认定中被认定为一级能力；数字项目平台 + 智慧工地应用项目作为“数字建筑·行启未来河南数字建筑年度峰会”的优秀观摩项目，受到业界好评。

公司数字化转型发展中取得的成绩不仅限于项目质量管理、安全管理、生产进度管理、成本管理、人力资源管理等方面，且随着企业数字化程度的提高，内部员工的学习氛围也随即提高。在对企业员工的问卷调查中，越来越多的员工开始关注企业的培训教育，越来越多员工开始主动学习国家现行规范标准、企业质量标准与安全标准。公司实用新型专利、省级工法、省级 QC、国家级 QC 成果的取得数量逐年递增。企业在进入各大学校招时，也得到越来越多学生的关注。在 2018 ~ 2019 年建筑市场萎缩、经济下行的背景下，河南科建年产值连续两年保持 30% 以上增长幅度，企业利润也实现逐步增长。公司由原来的以规模养企、养人向企业高质量发展转变。

以上各项成果的取得以及项目管理团队、公司员工的自主学习和工作能力的提升等等，都得益于企业数字化转型发展，正是这些变化，更加坚定了我们坚持数字化转型发展的信心。

在与业界同行交流过程中，河南科建开始受到越来越多的认可和赞同，同样也遇到了很多数字化转型发展中的困惑，在此我愿意把河南科建在数字化转型发展方面的一些经验分享给大家：作为企业决策者，要对数字化技术、信息化技术、BIM 技术有正确的认知，要做到不犹豫、不观望，及时跟进；选择合适的人建立企业数字化转型发展的团队并给予团队充分的信任；用积极鼓励态度对待团队的领导者，也让团队领导者同样对待团队中的每一位员工；要在资金、资源、学习、创新等方面给予团队足够的支持；学会分享和享受团队取得的成果，这是对团队的精神支持，很多时候这样的支持比奖金更重要。

未来几年，河南科建会加大数字化技术在人力资源、财务、产业化工人等方面的投入和管理力度，力争将企业的数字化转型发展做得更好。

从数字化的一个支点开始，发展空间不可估量

马西锋

河南科建建设工程有限公司董事、副总经理

近几年，数字化转型逐渐成为行业内热议的话题，国内涌现出一批探索数字化应用的先驱型企业，河南科建建设工程有限公司便是其中一员。在数字时代，施工企业的发展之路需要借鉴更多成功企业的经验，对此，本刊记者特别采访了河南科建建设工程有限公司董事、副总经理马西锋，让马总为大家讲述数字化带来的真实变化。

毫无疑问，一个崭新的数字时代已经悄然来到了我们身边，作为一名施工总包企业的管理者，您怎么看待数字化对施工行业的影响？

马西锋：谈到数字化对施工行业的影响，我认为，首先是工作方式的改变。过去，我们办公基本上都是在固定的场景；现在，可以做到移动办公，不再受场地的限制。当然，我们的管理方式也随之产生了变化，云计算、企业级平台等互联网应用，正在潜移默化地影响管理者的行为习惯，朝着更现代、更便捷的方向发展。此外，是

工作效率的改变。公司跟项目之间的沟通渠道是敞开的，管理效率提高了。比如我们公司审计监察部的管理工作，往常都是开着车把每个项目转一圈，在短时间内去查看项目的情况，看到的结果往往不是我们最初期望看到的真实情况；在应用项目级平台后，审计监察部可以足不出户、实时查看项目信息，尤其是在项目的质量、安全方面，在综合项目实际检查结果后，对项目的评定更准确。

我们希望通过数字化应用，将企业管理能力提升到一个更高的水平，归根结底，我们的目的是希望解决核心问题——降本增效。就目前来说，整个数字技术的应用和发展还处于初级阶段，但是，支撑数字建筑的各个要素条件现在已经基本具备了，我们在应用上可能还有进一步的创新空间。

试想一下，就材料管理而言，数字化的未来会是怎样的？目前，材料成本占建筑成本的一大部分，甚至超过了60%，所以材料管理是项目成本管理的重点。如果数字化发展到一定程度，可以创建一个区域性的材料综合管理平台，通过三个阶段发力。第一个阶段：招投标阶段。我们可以将采购信息、供应商信息、采购商信息在行业平台上共享，通过企业信用、履约能力、产品质量等多个方面对采购商、供应商进行评级，形成供需企业间信用体系，完成材料在招投标阶段的管理。第二个阶段：履约阶段。双方一旦形成供销关系，通过履约平台进行监督，是否按期履约以及履约程度等行为可以反作用于信用体系。第三个阶段：电商管理阶段。目前的常规材料集中采购模式仍存在很多灰色地带，在数字化水平提高后，我们可以更精准地把控材料采购的灰色风险，通过平台优质、优价的比选来控制成本。通过基于BIM技术的项目级管理平台，可以快速准确地分阶段、分楼层、按构件查询工程量，形成材料采购清单，通过成本审核后，将材料采购清单同步到电商平台上。这就像我们在京东、淘宝上买东西一样，材料信息、物流信息都可以查到，材料的监管也就产生了作用。

材料采购只是施工管理中的一环，同理，建筑施工企业的融资问题、劳务问题等将不再是难题。如果健康的企业信息可以通过授权进入银行审查库，中小企业融资是不是会有转机？一些基础稳固、良性运营的民营资金是不是可以获得市场准入？金融资产良好、信用评级靠前的企业是不是可以优先获得项目中标加分？……在推动行业发展的进程中，数字技术承担着必不可少的媒介作用，由此可见，建筑行业数字化的空间还是极大的，很可能从一个支点开始，带来整个行业的巨变。

面对这些影响，您认为当下的挑战和主要应对措施是什么？

马西锋：目前，施工企业面对数字化的挑战，以河南科建为例，当下的挑战主要有以下几点：

第一，企业自身管理能力水平需要提升。一个软件平台无法完美适配所有的施工企业，而当我们引进数字化平台后，公司原来的管理模式可能需要一个过渡、升级的过程。对此，我们主要注重自身管理能力的提高，组织管理者主动学习新知识，尽快适应新的、高效的工作模式。

第二，人才资源的挑战。项目上想推数字化应用，特别是工程实体的数字化即BIM技术的应用，必然会产生不同梯队的人才需求。这不是我们一家公司面临的问题，相信这是当前推行数字化转型的施工企业共同的挑战，人才需求是难以避免的一大缺口。对于这个问题，我们可以说是使尽浑身解数，既要寄希望于招人，又要想方设法从内部培养专业人才，既要“引进来”，又要“留得住”，还要“带得好”。

第三，工程项目条件的挑战。当前的移动化办公主要是以有线宽带网络为主结合4G网络实现的，对城市及市郊有网络覆盖条件的项目而言是很便捷的。施工方往往无法选择项目所在地，难免会有一些项目在偏远的地方，一旦不具备网络铺设的条件，我们很多的信息传递工作就会受阻。值得期待的是，5G 商用时代即将来临，希望在不久的将来，我们的数字化应用能够不再受到网络线路的制约，更大程度地实现大家所期待的理想场景。

第四，投入产出比的问题。这是一个很难直接解答的问题，对数字化技术不信任、得不到肯定答案的企业，可能会持观望态度，不愿意投资，他们更喜欢站在外围观察，宁可不投也不错投；态度不坚定、短期看不到回报的企业，可能会在小范围试水后叫停，不再追加投资；坚定要进行数字化转型的企业，也不能完全独善其身。数字化本身是需要持续性投入和长期实践的，如果大部分企业缩小投资，甚至是停滞不前，技术得不到实践验证和资金投入，对整个行业的良性发展是有影响的，况且，这个投入产出比的等式两边，还包括一些“看不见”的价值在维持平衡。

河南科建近些年在应用数字化技术和企业转型方面具体做了哪些工作？这些工作给河南科建带来什么样的变化？

马西锋：河南科建的数字化应用主要是从近几年开始的。2016 年到 2017 年，我们主要聚焦于基础技术应用，比如建模、工程量提取，做一些简单的工作，解决基础的技术问题。从 2017 年下半年开始，我们开始了第一个 BIM5D 试点工程，后面的推广速度便开始出人意料地加速了，很快开始第二个、第三个……到现在为止，我们已经在 8 个项目中应用 BIM5D 平台了。其实，我们的初衷是希望在第一个试点应用后看到项目效益，总结复盘后推广到更多的项目上，但是，首个项目试点就让人眼前一亮。无论是在质量管理、安全管理，还是进度管理方面，都在短时间内得到了明显的效率提升，应用 BIM5D 的管理人员的管理能力和技术水平也普遍提高了，在企业人才积累方面也比未采用 BIM5D 的项目好很多。

BIM5D 平台的应用只是数字化的一部分工作，此外，河南科建还进行了劳务实名制管理、智能安全帽、物联网等数字技术的应用，通过硬件结合互联网的数字采集方式在一定程度上替代人工采集方式，提高了数据的客观性和准确性。数据包含数据冗余和信息，对企业有用的数据称为信息，对企业没有用的数据叫做数据冗余。我们一直在思考，如何用先进的数字化技术对项目产生大量的数据进行归纳和总结，提取对企业管理有用的信息。在不断深化的项目应用过程中，我可以很负责地说，企业是可以看到经济效益的。采用 BIM5D 平台进行管理的项目，相较同类项目利润有明显的提升。虽然不能完全归功于数字化技术，但数字化技术带来的管理模式变革，是功不可没的。

从您的视角来看，河南科建为什么走出这一步，初衷和源动力是什么？

马西锋：选择数字化转型之路，是多种原因综合考虑的必然结果。首先，在公司创建之前，我和几位董事亲眼见证过身边的企业决策失败的例子，无法保持自身的优势和创新的精神，让一些企业开始走下坡路，这让我们坚定了吸取教训、紧抓管理，将企业做好做强的信念。其次，公司创建之初，我们的初心是希望将河南科建打造成一个学习成长型企业。我们愿意去尝试新事物、学习新知识，将先进的数字化技术应用到项目中，提升管理水平，我们一直是这样做的。此外，企业的管理深受宏观经济调控和社会环境的影响，以工期为例，除去法定节假日，以前的有效施工时间大概是 10 个半月到 11 个月，在国家加大环境治理力度后，一年中有效的工期被压缩到 8 个月，甚至更少，这势必会造成材料价格上涨、停工待岗、材料及机械租赁费用增加等问题，使项目成本增加。从而进一步压缩了施工企业的利润空间，增加管理难度。这个时候，数字化技术的应用恰好为降本增效创造了极大的可能性。

最后，还有一大动力是我们公司的实践经验驱使。赶进度的代价可能是后期大量的返工、投诉、维修、索赔，项目很可能面临赔钱风险，在质量和进度两者之间做权衡时，一定不能放弃工程质量，这就要求我们必须注意成本管理和质量安全的科学管控。在我们初步应用数字化技术进行实践时，确实感受到了管理效率的大幅提升，这与我们的初衷是不谋而合的。

对于施工企业而言，最关注的无疑是“找到活儿”和“干好活儿”，可以说项目是施工企业最核心的产品。那么在“找到活儿”也就是投标项目上，河南科建在哪些方面应用了数字技术，带来了哪些价值呢?

马西锋：2008 年，河南科建正式拿到三级企业资质，到 2014 年拿到一级资质，我们用了整整 6 年的时间。在早期阶段，我们接工程，主要是靠与施工管理水平和资质较高的特级企业合作，承接一些利润较低的小工程。在与特级企业合作的过程中，通过借鉴对方的成功经验，提高自身的管理水平和学习能力。

在应用 BIM 技术后，从项目的招投标阶段到施工阶段的质量、安全、进度管理再到项目创优策划等方面，公司的整体水平较前期有了很大程度的提升，在业内形成了良好的企业口碑和品牌形象。2018 年河南科建就被锦艺四季城开发公司评为 A+ 级优秀供应商；息县高中一期项目在安全施工、保证质量的前提下，150 天内完成包括教学楼、实验楼、宿舍楼、食堂等工程，共 7.9 万平方米，创造了“息高速度”。该项目的 BIM 技术应用还拿到了河南省“中原杯”综合类一等奖的好成绩，获得建设方、县政府的肯定，后续 35 万平方米的息县高中二期工程顺利中标。有了诸多类似的成功应用案例，我们在承接其他类似项目时，就多了一层保障。

目前，在 EPC 项目上，我们已经开始了新的应用实践，通过 BIM 技术对室外管网先建立模型，根据业主、建设单位、学校多方的需求进行修改后，用 BIM 模型与设计单位进行沟通，设计单位再经过调整后按照我们的模型出图。这有些类似行业里常说的“正向设计”。我们已经通过不断实践，积累了从设计参与到施工的工程总承包的经验，这是 BIM 带来的改变。

市场就是战场，我们通过数字化施工打造工程品质，客户对工程的认可比任何一种营销手段都更持久、更长远、更有利，以 BIM 为代表的数字化技术提供了技术支撑，可能往往很难去量化经济效益，但实际意义上有没有价值、效率有没有提升，作为建筑人，我是有体会的。换句话说，想要最大程度地满足客户的需求，消除浪费，节约成本，基于“精益建造”的理念进行项目管理，那么数字化技术不可或缺。

“无规矩不成方圆”，在企业推进数字化转型的过程中，您认为企业是否需要建立健全的应用标准，河南科建是如何建立数字化应用标准的?

马西锋：应用标准肯定是需要的，这是毋庸置疑的。在施工企业数字化转型中，应用标准可以说是非常重要的一环，是规范管理行为的重要文件。没有标准，徒有技术，参与项目的人员就会很迷茫，遇到问题不知道该做什么、怎么做，标准的缺失会带来管理的混乱。

换个角度讲，我们需要的真的只是一些应用标准吗？我想不是的，拥有标准是一种基础性操作，我们真正需要的是健全的、统一的标准。以河南科建第一个 BIM5D 试点项目为例，应用初期公司制订了建模指导标准、模型应用标准，对 BIM5D 平台内置的一些标准文件还没有考虑进行统一管理。随着更多项目的应用推广，我发现，必须要规范平台原有的标准并且增加一些新的标准，如材料清单、机械及设备清单、质量问题分类标准、常见质量问题字典、安全问题分类标准、常见安全问题字典等。

没有统一的标准，一个项目实行一种自己熟悉的分类标准，一个标准一种表达方式，各个应用 BIM5D 的项目就形成了各自为战的局面。当企业对所有项目进行集中管理时，根本无从下手。

那么，河南科建是如何建立数字化应用标准的呢？我大概总结了以下几点原则：

第一，依据国家现行标准，在此基础上深化企业自身的标准。国家标准是基础性标准，具有普适性，企业标准应该更落地、更灵活、更符合企业特色和发展需求。如果想要打通企业和行业间的纵向通道，实现行业整体的标准化，前提就是要有标准。

第二，以实用为主要目的，拒绝“花架子”标准。如果标准很大程度上是为了美化展示，实际操作和标准是两张皮，那企业管理标准化、数字化就“道阻且长”了。

第三，标准要持续改进和优化。我们的企业标准一定要以项目应用为最高准则，制定出来后要拿到项目上进行实际应用，在应用过程中，可以更有针对性地发现问题，听取不同的声音，持续优化标准。互联网也好，数字化技术也好，施工项目也好，都是不断向前发展的，标准自然也不能一成不变 。

企业的信息化建设需要可持续的发展，在人才梯队、方法总结、系统培训等方面，河南科建有哪些方面的思考与行动?

马西锋：在人才梯队建设方面，河南科建是通过不断学习、创新、实践，来保证信息化建设可持续发展的，当然，前提是要保证企业拥有良好的效益。关于人才梯队建设，我们需要解决的核心问题是人才从哪儿来。目前，我们是通过校企联合的方式，将企业作为在校学生的实习基地，在学生实习期间有目的地提高学生适应企业管理环境的能力，培养学生的现场管理和自主学习能力，从而解决基层人才的需求问题。

在公司内部，就应届毕业生而言，我们实行“老带新”机制，每个新员工进入公司后，都会得到老工长各方面的指导，让新人能够慢慢了解企业的管理方式，快速学习学校以外的实践经验，掌握当前项目上最实用、最专业的应用技巧。此外，我们鼓励内部员工主动自学，一个管理人员没有主动学习的能力，这是不合格的。公司内部要形成一片自学的氛围，让每个人都希望自己能够快速成长，同时公司也要为突出人才提供锻炼的机会，这是我们的一种理想场景。

在涌现出一些快速成长型人才时，我会思考，如何将这种成功的模式进行复制，从而培养更多的人才。关于人才快速成长和人才成功模式复制，我认为有三个支撑：第一，教育，也就是我们常说的培训；第二，技术，企业的技术设备水平很大程度上决定了人才的技术能力，如果企业本身的技术能力不高，希望培养出优秀的技术人才是不太可能的；第三，数据，利用既有的项目数据来帮助人才快速成长，实现数据资源利用的最大化。比如，框架结构工程，单层楼建筑面积 1000 平方米左右，工期大概是 6 天盖一层，需要调用多少个木工、多少个钢筋。一个普通企业的员工要想掌握这些专业知识，普遍需要 3 ~ 5 年的时间，这还需要这名员工有主动学习的能力和善于总结的习惯。而我们河南科建的员工可以随时得到这些数据，人才成长的速度比未采用数字化技术管理的企业快得多。

关于人才培训，除了日常培训会和网络课程培训外，河南科建自创了一些培训方式，包括我们内部会制作一些岗位资格证书，企业进行内部培训，培训结束后，进行岗位资格考试，考试合格的颁发公司内部的岗位资格证书。而这些内部考试和资格证书的设定，都和我们内部的岗位需求挂钩。这样，岗位需求是透明化的，既可以竞聘上岗，也可以作为一种持续性的监督考察。我们的要求也是不断提高、符合项目发展需求的，如果你想达到公司的某个岗位，必须要通过定期岗位考试，达到要求的分数，并取得某个内部证书，同理，证书到期、考试不通过等不良信号，对岗位上的员工也是会有一定的影响。我们也在不断学习其他企业的优秀管理方式，在公司内部，对于不同岗位人才的培训教育，公司管理层希望它是一个鲜活的、持续的、具有科建特色的继续教育系统。

在人才培训思路上，我们坚持用数据说话，因人施教，而非因材施教。通过BIM5D等数字化平台的应用，项目管理人员会通过平台产生一系列数据，而这些数据，可以用来评判管理人员的能力，便于我们帮他取长补短，因人施教。比如，按照国家标准，一个单位工程分为多个分部工程，在管理过程中，每个分部工程里都会出现不同的质量问题，哪个分部工程的质量问题出现得最多，整改之后仍旧问题频发，很有可能是因为该管理人员在这个分部工程的管理方面存在短板，其他方面的问题也是如此。从平台产生的数据来看，一个项目管理人员在质量管理、安全管理的过程中，数据一直很稳定、很正常，这说明可能这些方面是他的长处。或者，如果某项任务，大部分人都能100%完成，总有人在规定时间内完成率是50%，那这部分人可能是存在执行力问题的，需要再深入分析原因。对发现问题的管理人员，我会对他进行一段时间的强化培训，帮他强化长处、补齐短板，由此形成我们自己的人才培养机制和人才梯队。

此外，在和90后、00后年轻人接触后，我个人其实还有一个天马行空的想法——开发一款角色扮演养成游戏，类似财富人生一类的休闲游戏，把现在河南科建所有代表性标志、企业管理标准等内容植入游戏环节中，形成不同工种的全场景描述，树立品牌形象，提高文化建设水平。在游戏中，每一个玩家可以根据自己的喜好选择角色，利用空闲时间体验某个角色的成长。这个过程，他能够用更年轻的方式，了解到一个岗位的前世今生。比如，你是一个刚刚毕业的大学生，可以从施工员做起，完成模拟分配的任务，可以获得相应的奖励和晋升，如果无法完成，系统会提示你相应的知识查询，达到一定级别后，可以熟悉管理相关的信息，甚至可以公开排行榜信息，让公司内形成一种自发的学习竞争氛围，对于表现特别优异的员工，我们可以考虑在现实中进行考核并给予机会。标准和机制是僵硬的、不容易接近的，但是如果我们通过游戏的方式输出，可能会更容易让人接受，无形中锻炼员工的学习能力和团结协作能力。就目前的技术和投入来看，这些还只能停留在理想状态中，权当纯粹的交流和思考吧！

数字化转型，将如何赋能工程项目

张建保

河南科建建设工程有限公司项目经理

有位中建系统的领导曾这样说：“河南 BIM 应用要看科建！”这对于一家一级资质的民营施工企业而言无疑是极大的褒奖。当然，这样的评价并非空穴来风，在近两年的 BIM 大赛和行业会议中，河南科建的项目确实获得了业界更多的关注。对此，广联达《新建造》编辑部记者特别对河南科建的项目经理张建保先生进行了一次专访，让我们更好地了解其项目是如何应用数字化技术的。

随着大时代的变迁，我国建筑业已经从粗放式的增长转向集约型的发展形态，为了更好地完成企业的经营指标，企业就会向项目要效益。作为多年的项目经理，您认为与传统项目管理相比，数字化技术的应用是否提升了项目的管理水平，实现项目“降本增效”？

张建保：的确，目前施工企业面临的竞争压力是空前的。随着市场需求的降低和竞争的激烈，施工企业更需要向集约化经营迈进，我们科建也不例外。作为项目经理，这些年我跟着公司发展的步伐不断进步，也切身地感受到公司对每个项目管理的重视程度愈发提升，给我的工作提出了更多的要求和更大的挑战。当然，公司也为项目提供了很多技术上的支持，特别是以 BIM 为核心的数字化技术应用，很大程度上提升了项目的管理水平，进而实现项目的降本增效。

谈到提升项目管理水平，首先要找到项目上的管理问题，以我参与的项目为例，大部分都会面临"流水的项目流水的兵"这种情况，项目上的管理人员很多是新人，在管理团队上会遇到各类困难，同时管理人员的管理能力也参差不齐。这些因素都会直接影响项目的正常管理。对此，我们借用了公司提供的数字化应用平台，在很大程度上让管理流程更加可控，保证项目的正常进展。此外，数字化的应用还在一定程度上提升了各级管理人员的工作效率，帮他们节省更多的时间用于更细致的管理。以安全巡检为例，当发现施工现场有安全隐患时，安全员需要跑回办公室写一份整改通知，还要安排资料员去收发，流程和处理问题占用的时间都比较长。现在应用了 BIM 新生产的安全模块，用手机拍一张现场照片，把隐患部位和问题标清楚，就可以自动生成整改单，整改人实时接到通知，就能准确地找到隐患位置，并快速进行整改。而且，系统对问题的整改时间也有记录，在规定时间内改好后由复查人员验收通过后方可结案。这样做很好地提高了隐患整改的效率，规范了安全隐患的管理流程。同时，由于信息都能在平台上真实地记录下来，也避免了口头告知可能会带来的扯皮现象。当然，这对于公司了解项目情况也是很有帮助的。过去，公司安全部、工程部到现场进行巡检，但是时间和精力都相对有限，更多的管理还是依赖于现场的管理人员。通过对管理内容、流程的规范，公司和项目统一了工作习惯，大大地提升了管理效率和管理质量。

在您看来，项目的标准化水平是不是评价项目管理能力的主要方面？是否可以通过数字化技术提升项目的标准化水平以及更好地落实原有的标准化规范？请您举例说明。

张建保：首先，管理的标准化对于项目而言尤为重要。当项目团队中的管理人员有更换时，补进来的人员可以快速了解项目的管理水平，熟悉了标准就可以更快地适应岗位，因为岗位的工作内容和要求是一样的。当然，数字化的应用很有助于提升项目的标准化水平，对此我主要总结两个层面：一是在项目的实践过程中，通过数字化技术的应用，为企业积累并总结相关经验，进而指导更多的项目。二是通过数字化技术的应用，提升管理内容和管理流程的标准化水平，保证项目的管理效果不会因为管理人员的变化造成管理水平的下降。这两方面都在很大程度上提升了项目的管理水平。

以我们科建为例，2019 年新开工的 4 个项目全部应用了 BIM 技术，在提升标准化管理方面效果还是非常明显的。尤其是质量方面，可以通过平台将公司标准化的内容有效地传递给一线作业人员，并且按照要求进行管理。同时，管理人员在应用 BIM 平台的过程中，也能够更好地了解、掌握、应用、认可标准化管理内容，为团队梳理出持续学习和成长的理念。从公司层面上，通过系统上的数据也可以部分地反映哪个项目在管理方面的执行力更强，管理得更加全面。公司还可以在劳动力组织、物料等方面给予类似项目更加准确的借鉴，这些对公司来讲都是非常大的价值。

有很多企业谈到数字化都认可其价值，但在真正落实的过程中却都面临着种种阻碍。根据您的了解，在项目上推行数字化技术过程中面对的主要阻碍有哪些？对此，您在项目上是如何解决的？

张建保：对于任何人来说，接受新事物都需要一个过程，包括我自己在接触数字化应用前期也会存在顾虑。所以刚一开始在项目上推行数字化时确实面临了一些阻力，这些阻力主要集中在两个方面：

第一是学习成本问题。项目上的人员每天的工作任务本来就很多，应用数字化初期，大家首先要学会系统的应用，即便操作流程不是很复杂，但还是需要一个熟悉的过程，特别是对于年纪相对偏大、文化程度不高的作业人员，更是阻力重重。在我负责的一个项目上就出现过这样的情况，有一位从公司成立就在公司的老员工，业务能力还是很不错的，对公司的忠诚度也比较高，就是文化水平不高，是初中文化程度，这也造成了他在学习新技术应用方面比较慢。其他几栋楼的管理人员都能利用平台正常工作了，他却还不能很好地适应。后来我问他是什么原因，才发现他平时智能手机都用得很少，接受应用软件的确存在困难。于是我就委派一个年轻人在工作过程中协助他学习，有人帮助后效果大有改观。大概用了一个月的时间，团队所有人员就都能接受并愿意开始使用新的系统了。

第二是信息透明问题。在项目的建设过程中，总会出现一些问题，但从现场管理人员的角度看，特别是质量安全方面的问题，是不愿意让项目领导以及公司领导知道的，而数字化平台会将这些信息直接传达到领导层，这就导致现场管理人员产生抵触情绪。对此，我们是通过评比的方式让现场人员用起来的，数据上传得越多，问题就解决得越及时有效，对于管理人员的评价就会越高。这种方式很好地激发了现场作业人员的应用积极性，同时这也成为公司相对客观地评价人员工作情况的方式之一。

对于项目经理而言，在项目上推行数字化技术都会涉及成本的投入问题，包括购买软硬件的经济成本、人员的培训成本、推行所需要的时间成本，等等。在投入产出比方面，您是如何看待的？

张建保：关于投入产出方面的问题，我的看法是要权衡成本和价值的关系。通过一段时间的实践，我切实地感受到了数字化应用所产生的价值，这些价值大部分集中在提升管理水平方面。对于管理水平提升多少的确不好量化，所以单纯从经济角度对比投入和产出，显然是不合理的。那么如何评价，我认为就是出资方是否认可，就像买衣服，有几百元的也有上万的，只要需要就是对价值的认可。作为项目经理，我非常认可数字化技术应用所带来的价值，其价值主要集中在提升了团队的管理能力。

以一个项目为例，项目的管理团队组建后，新员工在团队中的比例占到了70%以上。新入职的人员在入职以后，对公司的工作流程和工作要求不够熟悉，同时新员工在下达管理命令时也会遇到作业人员不配合的情况，这都会在很大程度上影响管理效率。应用了BIM5D新生产平台，刚入职的管理人员可以很快地了解公司的要求，并按照要求管理作业人员。当出现有作业人员不积极配合整改的情况，通过平台可以让各级领导看到，这样就能很好地约束作业人员按要求执行，同时也提升了管理人员的工作效率，让他们有更多的精力将项目管理得更好。

此外，从各级管理人员能力培养的角度，数字化平台的应用同样带来了很大价值。通过BIM、智慧工地等技术的应用，项目上管理团队在方案策划能力、学习能力、创新创优能力等方面都有大幅度的提升。我在与管理人员聊天的时候能够感受到，他们也很愿意学习新的技术，特别是毕业不久的年轻人，通过公司的培训和实践经验拿到资格证书时，他们会感到非常喜悦。虽然学习过程中需要付出很多的努力，但却收获了自己在行业中的竞争力，同时也提升了自身的价值。

项目在推行数字化应用的过程中，应如何与公司进行联动，达到更好的效果？未来，更多的项目数字化落地将给企业带来哪些方面的价值？

张建保：对于施工企业而言，项目是企业利润的核心来源，也是数字化应用的实施主体，所以在项目上推行数字化应用，是提升企业经营能力的关键因素。当然，项目的数字化应用需要得到公司的支持，以我们科建为例，主要集中在三个方面：

一是需要公司提供有效的机制保障。行业中普遍认为施工企业的数字化转型是“一把手工程”，要有领导的认可和推行的决心才能真正落地，对此我深有感触。我们企业的领导层对利用数字化技术实现管理水平升级非常认可，并配套了一系列的机制保证数字化应用在项目上的落地，比如专门给项目规定应用要求以及制定合理的奖惩制度等，这都为项目顺利推行数字化应用提供了有效支撑。

二是需要公司为项目数字化工作的开展提供培训。以BIM应用为例，项目上的人员在刚接触BIM应用时可以说是无从下手，大家或多或少都听过BIM，但真正能为项目带来哪些具体的价值是不清晰的，更不要说如何用了。对此，公司为项目上的相关人员分层次地提供了专业、系统的培训，为人员在技术学习方面提供了大力的支持。同时，公司还建立了内部的BIM资格任职体系，员工通过考试可以取得BIM资格证书，这也很好地为内部人员建立了BIM能力的评价标准。

三是需要公司提供可借鉴的应用方法。以我负责的项目为例，在应用BIM之前，我会让项目各级管理人员先与有项目经验的班子人员沟通交流，更加具体地了解BIM应用能给自己的岗位带来哪些价值。这样做主要有两方面好处，一方面可以让各岗位人员更容易接受BIM；另一方面可以借鉴之前项目的经验，在应用过程中少走歪路。

与此同时，项目的应用成果也可以反作用于公司，为公司经营管理、流程标准、工艺工法的沉淀提供数据支撑，为实现企业的集约化发展带来重要价值。

息县高级中学一期建设项目 BIM 技术综合应用案例

宋慧友

河南科建建设工程有限公司 BIM 中心土建专业负责人

姜莹

河南科建建设工程有限公司 BIM 中心安装专业负责人

息县高级中学一期建设项目位于河南省信阳市息县城东新区，河东路南侧、谯楼东街北侧，由一栋教学楼、两栋试验楼、三栋宿舍楼和一栋食堂构成，其中 6# 宿舍楼分为三个单体。总建筑面积 77961.56 平方米，地下建筑面积 1742.4 平方米，地上建筑面积 76219.16 平方米。建成后，项目将集教学、办公、食宿、运动及娱乐等多功能中心于一体。本项目工程集设计、施工及装饰装修一体化施工，施工总承包单位为河南科建建设工程有限公司。

项目难点

工期紧张：本项目工期仅为 150 日历天，在公司同类建筑项目中工期最短。建筑功能复杂且专业单位多，工程的进度计划管理难度高。

工艺复杂：土建结构、装饰装修、机电专业、园林绿化等专业都存在设计节点复杂、施工工艺超常规，有效工期内施工组织难度大等问题。

EPC总承包管理，多专业交叉作业多，协调难度大：本工程为民生工程，EPC项目，工期短、体量大，施工过程需要多专业、多工种的交叉作业，项目管理协调工作难度大。

品质要求高：考虑到项目用途、定位及建设方对品质的高要求。在满足安全适用功能的基础上，工程品质及细节的高标准要求，使得本项目需要采用BIM等手段。在设计和施工过程中进行大量的设计方案比选、施工设计优化和深化工作，以达到设计及施工方案优中选优、一次成优的效果。

内部要求高：顺应公司BIM技术应用全员参与的理念，在项目上进行全员推行BIM技术应用。在施工工期短、体量大及结构形式多的情况下，完成河南省“BIM中原杯”大赛一等奖的创奖工作，争创公司BIM技术应用示范工程。

应用目标

息县高级中学一期建设项目采用全生命期的BIM应用，实现150日历天准时竣工验收，实现无伤亡事故发生，确保完成与公司签定的利润目标，确保获得河南省建设工程“中州杯”奖项、“信阳市绿色施工示范工程及河南省安全文明标准化工地”称号和“河南省BIM中原杯”BIM大赛一等奖等目标。

BIM 应用方案策划

该项目的 BIM 应用以解决问题、创造效益、减少浪费为基本出发点，项目各参建单位从项目施工阶段工作入手，采用了一系列 BIM 技术（表 1）。

项目各参加单位应用 BIM 技术列表　　**表 1**

应用阶段	序号	实际应用点内容	应用效果
投标阶段	1	BIM 技术投标方案	完成技术标书中所需定型化及质量施工标准化的工序模型图片
	2	漫游及模拟施工	完成投标所需施工场地布置的漫游及施工模拟工作，为投标汇报呈现更好的效果，以便彰显公司 BIM 技术的硬实力，得到甲方的认可及好感
	3	施工场布三维策划	完成施工场地三维策划，为技术标编制插入定型化及质量标准化工序图片做准备，为给甲方做施工场布策划呈现更好的三维效果做准备
项目策划阶段	4	BIM 培训	本项目技术人员多次参加公司内部 BIM 技术培训及外部学习交流，共有 17 人具备了 BIM 技术应用能力
	5	施工进度网络计划	利用斑马梦龙网络计划软件排布出项目总施工计划，发挥软件独有的前锋线功能，对各工序进行实时调整及把控工作，确保项目工期
	6	施工三维场地布置	利用广联达场布软件对本工程快速完成三维施工场布及模拟施工动画，对施工场地进行科学合理的立体规划，保证施工现场规划合理，提高施工场地的规划水平
	7	成本策划	广联达 BIM5D 为工程项目提供一个可视化、可量化的协同管理平台，对项目施工质量、进度、安全及资源进行合理性计划，实现施工中精细化成本控制。通过 BIM5D 管理平台手机应用端，使管理人员利用手机便可以对施工现场的质量、进度、安全等进行全面管理

续表

应用阶段	序号	实际应用点内容	应用效果
施工阶段	8	碰撞检查	针对部分区域管线复杂的问题，利用 BIM 专业软件对各专业碰撞交叉情况进行管线建模，深度优化管线排布及走向，消除碰撞、避免返工、节约成本，合理安排工序，缩短工期
	9	施工工艺 / 工序模拟	利用 BIM 技术进行“施工质量样板化和技术交底可视化”，可以采用 BIM 建模结合 VR 技术实现，相较于传统的实体质量样板更加绿色，且可实现过程再现
	10	可视化技术交底	利用 BIM 技术对质量、安全文明进行可视化技术交底，利用 BIM5D 管理平台对施工现场进行动态管理及技术交底工作
	11	施工方案编制	利用各软件的协同特点，逐步编制各施工阶段及施工节点的施工方案，做到三维图片渲染及二维码技术动态显示工作
	12	深化设计	利用 BIM 专业软件，根据图纸设计及现场实际情况，进行图纸的二次深化设计，优化施工方案，减少各专业之间的碰撞，避免返工，一次成优
	13	二次结构、砌体施工	利用 BIM-Revit 建模软件与 BIM5D 管理软件中的排砖功能及品茗 HIBIM 的一键排砖功能，进行多维度的排砖应用工作
	14	BIM5D 项目管理	本项目深度应用广联达 BIM5D 项目管理软件，实时为项目管理层提供一个可视化、可量化的协同管理平台，对项目施工质量、进度、安全及资源进行合理性计划，实现施工中精细化成本控制。通过 BIM5D 管理平台手机应用端，使管理人员利用手机便可以对施工现场的质量、进度、安全等进行全面管理
	15	3D 扫描	通过 BIM 技术对各结构复杂节点进行三维 1：1 尺寸建模，再利用 3D 打印技术对复杂节点进行扫描打印、实物再现，使工人能看到复杂的实物模型，大大提高技术交底工作的效率
	16	无人机技术	利用无人机对施工现场进行动态的拍摄工作，为施工各阶段留存影像资料。还可以对施工现场进行过程监督工作，能快速对项目场区全方位、无死角的检查工作，提高检查的效率。

（一）软件及项目管理平台选型

项目以 Autodesk 公司系列软件为基础软件平台，同时为配合土建、幕墙、装饰等专业的特殊需求，利用各种软件进行建模。最终所有专业模型需要导入广联达 BIM5D 项目管理平台，对项目质量、进度、安全文明及成本进行动态、实时在线的管理（表 2）。

软件及项目管理平台选型列表　　**表 2**

类别	专业	软件选择	优势特点
建模软件	结构 / 建筑	Autodesk Revit2016/2017/2018	国际通用的建模软件，软件成熟；族的概念可为企业做定制化族库
	机电	MagiCAD/ 品茗 HiBIM	行业领先机电三维深化设计建模软件；CAD\Revit 双平台，简单好学，易用；支吊架计算、流量分析等为项目深化提供技术支持
	进度	斑马 · 梦龙网络计划 2017	能够提供施工管理所需要的多种信息，有利于加强工程管理。它有助于管理人员合理地组织生产，做到心里有数，知道管理的重点应放在何处，怎样缩短工期，在哪里挖掘潜力，如何降低成本。在工程管理中提高网络计划技术的应用水平，必能进一步提高工程管理的水平
	模架	BIM 模板脚手架设计软件	对项目需求模板的用量和使用计划进行控制，对项目复杂节点的模板拼装细节及高支模方案进行专家论证
	场布	广联达三维场地布置软件	快速完成三维场地布置并将模型集成到 BIM5D
应用平台	集成多专业	广联达 BIM5D	（1）国内支撑 BIM 施工应用的领先软件 （2）集成土建、钢构、机电、幕墙等多个专业模型 （3）集成施工过程中的进度、合同、成本、工艺、质量、安全、图纸、材料、劳动力等信息 （4）帮助管理人员进行有效决策和精细管理，减少施工变更，缩短项目工期、控制项目成本、提升工程质量
成本管理	土建	广联达土建算量 GCL	内置国内清单及定额计算规则，构件算量自动扣减；可承接 Revit 创建的 BIM 模型
	钢筋	广联达钢筋算量 GGJ	内置国内钢筋平法，参数化输入钢筋自动排布，自动实现扣减
	钢筋	广联达钢筋云翻样	建筑施工图纸和结构图纸中各种钢筋样式、规格、尺寸以及所在位置，按照国家设计施工规范的要求，进行精细化、智能化钢筋构件下料单
	安装	广联达安装算量 GQI	内置国内清单及定额计算规则，可承接 Revit 及 Magicad 创建的 BIM 模型
	计价	广联达计价软件 GCCP5.0	内置国内 03-13 清单规范与河南定额以及全套预算报表；市场占有率 95% 以上
后期效果	效果	Lumion、Enscape、fuzor、3DMAX、会声会影 X9、超级录屏软件、Navisworks2016/2018	模型渲染、三维交底动画制作、视频剪辑及录屏工作、各种专业模型综合后的碰撞检查及施工进度、施工方案模拟动画演示

（二）组织架构

在施工阶段，项目部专门设置 BIM 工作站并牵头组织项目 BIM 工作，对各部门进行 BIM 工作协调管理，并完成总承包范围内 BIM 模型深化和 BIM 各项应用。施工阶段参与 BIM 技术应用的人数为 50 人。项目 BIM 工作站组织架构如图 1 所示。

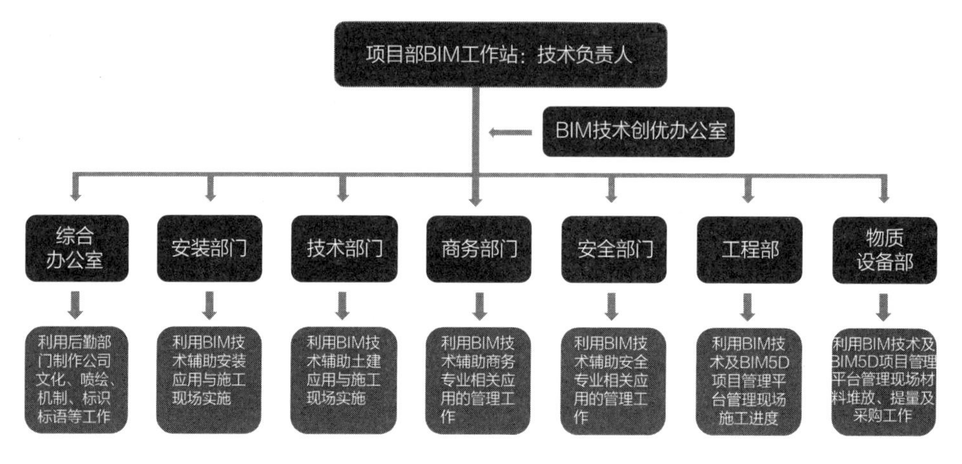

图 1　项目 BIM 工作站组织架构

（三）实施顺序

在业主方的总体规划下，本项目 BIM 模型做到完整地流转。项目 BIM 工作站积极参与设计阶段的 BIM 模型创建与检查工作，并在设计阶段对模型、装饰装修、安装专业及园林进行优化设计；在施工阶段继承设计阶段 BIM 模型的深化设计，再次进行施工阶段模型深化、优化工作，完善模型，增加必要过程信息，将模型导入项目级 BIM5D 管理平台，做到数据实时上传，并与企业级云平台进行对接，实现项目管理数字化、在线化；利用施工阶段模型解决施工现场技术问题、解决安全专项方案的查询、编制问题，并利用模型进行装饰装修专业的创优策划设计。

实施过程

（一）BIM 应用准备

1. BIM 建模标准

由于参建方众多，需要统一的管理标准和技术标准对 BIM 技术应用进行规范，保证 BIM 工作在不同阶段、不同单位之间的协调推进。从项目设计阶段始，公司就制定了 BIM 建模标准、BIM 实施标准等，有效地解决了模型质量差、模型细度不能满足施工管理需求的问题。

2. 制度保障措施

制定 BIM 技术应用管理制度及 BIM5D 平台应用管理制度。在制度中明确各岗位 BIM 技术应用职责，规范 BIM 日常应用行为，制定详细的奖罚制度与 BIM 应用考核机制等，主要解决 BIM5D 管理平台哪些项目用、什么时间用、谁来用、怎样用、用得怎么样等一系列问题。

在 BIM5D 平台应用方面，主要用奖罚制度来激励、约束施工管理人员使用 BIM5D 平台；用平台的部分数据分析功能监督施工管理人员使用 BIM5D 平台；用平台产生的数据来吸引人使用且认真使用 BIM5D 平台。

3. BIM 人才建设

根据公司的规定，对所有参建单位的参建人员以各层级 BIM 团队进行内部集中培训并发放资料，特殊岗位人员需参加外部培训机构的学习。项目还通过参加外部交流等方式提高自身 BIM 技术应用水平，确保项目团队熟练掌握相关软件的使用，具备满足实际工作需要的 BIM 技术应用能力。

4. BIM 硬件配置

为了达成全员应用 BIM 的目标，项目在软硬件方面为员工进行全面配置，并确保每个部门至少有一台工作站或同级别电脑。针对现场管理工作，项目 BIM 管理部对所有模型进行轻量化，并定期更新，以使其他各部门管理人员可以方便地将模型导入配备的移动终端，进行模型现场使用。而模型中的信息，也会根据最新的现场需要进行新增和更新，确保模型使用的时效性和准确性（表 3）。

表 3

序号	名称	配置	数量	用途
1	戴尔 (DELL) T7910 塔式工作站	处理器：英特尔 Xeon 至强 E5-2630v4(X2)/ 内存：32GB/ 显卡：Nvidia Quadro M4000（8GB/Nvidia）/ 显示屏：飞利浦 23.1 英寸 *2/ 固态硬盘：512GB/ 硬盘：2T	1	1：部署 Revit server 服务器 2：部署 BIM5D 企业级管理平台 3：各种 BIM 技术软件集载体，用作渲图、视频及动画合成工作
2	BIM 中心组装台式华硕 B150M-ET 电脑	处理器：英特尔 Core i5-6500@3.20GHz 四核 / 显卡：Nvidia GeForce GTX 1050Ti / 内存：32GB/ 显示屏：飞利浦 23.1 英寸 *2/ 固态硬盘：256GB/ 硬盘：2T	8	BIM 工作日常综合应用，包含建模、深化设计、视频渲染剪辑等工作
3	戴尔（DELL）M7720 笔记本	处理器：英特尔 Xeon（R）CPU E3-1535M V5/ 内存：32GB/ 显卡：Nvidia Quadro M4000（6GB/Nvidia）/ 显示屏：飞利浦 23.1 英寸 *2/ 固态硬盘：256GB/ 硬盘：1T	2	1：对内 BIM 培训学习，去项目工作站培训交底 2：对外 BIM 技术推广应用展示 3：承接 BIM 技术培训，为公司实现创收
4	联想（lenovo）Thinkpad 笔记本	T470P 940MX-2G 独显轻薄便携笔记本 /I7-7820HQ IPS 屏 / 2K 屏 /8G 内存 500G+256G 固态硬盘 / 硬盘：1T	8	1：对内 BIM 培训学习，去项目工作站培训交底 2：对外 BIM 技术推广应用展示 3：承接 BIM 技术培训，为公司实现创收
5	小米路由器	硬盘：1T	2	1：搭建 BIM 中心网络环境 2：储存共享文件 3：千兆网线提高文件传输速度
6	海信 Hisense LED65EC680US	65 英寸 / 超高清 4K HDR / 人工智能电视 / 智慧语音 / VIDAA4.0 系统	1	1：BIM 技术交底演示 2：内部 BIM 技术交流 3：对外展示 BIM 技术应用与落地情况
7	佳能（Canon）5DS 单反相机	EF 24-70mm f/2.8L Ⅱ USM、EF 16-35mm f/2.8L Ⅱ USM	2	主要用于学习、培训、施工、会议、拓展等过程中的照片及影响资料
8	索尼（SONY）摄像机	PXW-Z150 专业 4K 摄像机	1	主要用于学习、培训、施工、会议、拓展等大型活动场景拍摄
9	虚拟现实硬件	HTC VIVE 虚拟眼镜，三脚架套装版，含激光定位器支架 2 个	1	虚拟施工模拟

续表

序号	名称	配置	数量	用途
10	DJI 大疆无人机	经纬 M600PRO 行业航拍无人机，六轴，喊话 / 电力巡检架线，测绘无人机，m600Pro+2 参数气体检测仪	2	主要用于施工过程中的视频影像采集及施工前期土方测绘工作
11	联想（Lenovo）Tab 平板电脑	CPU 处理器：高通骁龙 625 APQ8053，2.0GHz，八核，64 位，10.1 英寸，4GB 运行内心 /64GB 储存	8	1：内部 BIM 技术交流学习 2：对外展示 BIM 技术应用落地情况
合计			36	

（二）BIM 应用过程

图纸审核及优化：通过全项目的 BIM 建模，发现图纸问题，整理后进行图纸会审工作，提前发现解决图纸问题 63 项，与设计院及甲方进行沟通减少 25 处图纸变更，深化优化设计达到 22 处，减少因为图纸问题造成的返工、窝工，提高了工效，减少了材料和劳动力的浪费，减少图纸会审时间 6 天，减少图纸会审人员 5 人。

BIM 深化设计：根据项目要求所有专业全面应用 BIM 深化设计的总原则，以及要求模型与图纸同步提交，保证深化图纸质量和模型的及时性，项目部开展了各专业的 BIM 深化设计工作。

屋面设计优化及深化：根据本项目屋面设计方案及施工特点，对屋面做法进行建模及方案优化，便于技术交底使用。主要针对屋面落水口、分水线、排水沟的设置进行优化排布，使贴砖位置一目了然，大大降低项目管理人员与施工人员的沟通障碍。对模型进行各种材料的提量工作，为采购中心提供准确的材料数量及到场时间，间接加快施工进度，并且一次成优。

机电深化：针对部分区域管线复杂，专业多且碰撞交叉严重的问题，进行管线建模，深度优化管线排布及走向，消除碰撞、避免返工、节约成本，合理安排工序，缩短工期。

根据设备用房与走廊设备多、管道多、空间狭小的特点，利用专业的深化设计BIM软件，实现三维设计，提高设计效率。通过施工模拟，优化施工方案，借助BIM技术对建筑项目的施工方案进行分析、模拟和优化，确保施工方案的可行性和安全性。

针对管线集中的区域，对管道支吊架提前进行设计优化，利用MagiCAD软件，进行支吊架的校核、出图及材料明细，确保施工方案的可行性和安全性。

装饰装修深化:项目部建立了大量的装饰族文件，并以此完成了所有楼层的地面、墙面、吊顶模型。过程中对于吊顶吊杆、石膏板墙分缝、地板板块排布等进行统一的三维设计，并且可以直接输出综合排布图。利用BIM软件做到工序前的策划、优化工作，为甲方提供一个可视化的技术方案，为施工一次成优做准备。

（三）施工模拟

施工阶段的施工模拟是对施工方案、工艺的再验证，并进行细节优化。项目对施工过程中的重大方案进行完整且精细化的模拟，综合考虑工艺方法、时间、空间等因素，完成大型方案的综合模拟，并在实施前进行专项方案论证和三维预演，发现综合环境下隐藏的矛盾，并提前解决，最终应用完善的三维施工模拟方式进行技术交底。

（四）定型化预制化加工

运用BIM技术对项目进行分阶段策划，实现策划先行、标化管理。施工现场安全文明均采用定型化施工，造价低、宜周转、运营费用低。

（五）BIM技术助力企业施工工序质量管理标准化

通过各项目BIM工作站对各施工工序进行建模等工作，公司已完成质量标准化样板族45项，企业族库持续更新完善。

（六）BIM技术助力项目样板体验区策划

项目BIM工作站在BIM站长的带领下，坚持BIM技术应用，并根据甲方要求、现场情况以及公司建模标准，快速完成样板体验区的建模策划工作。在对甲方及公司样板区的策划方案汇报中，获得了较高的赞誉，并一次批准通过。为现场样板区的建设提供了方案依据，提高了工作效率，并且按照策划方案一次成优。

（七）BIM技术助力施工节点、难点标准化

项目对施工重难点进行节点建模，使后期施工节点有标准可行，使技术方案及技术交底直观易懂。

（八）BIM技术助力土建创优策划

对创优节点做法，进行多方案比选，避免返工，一次成优。

（九）BIM技术助力本项目完成省级工法3项

利用BIM技术建立三维模型，比传统CAD二维模式的申报资料更容易体现工艺做法，申请通过成功率更高。

（十）BIM技术助力项目技术创新

公司每年结合项目的施工亮点，进行实用新型专利和发明专利的申请。并在申请文案中配置BIM建模三维模型或施工动画，使公司每年至少通过专利申请十余项，公司自从2016年至今共计申请国家专利46项，其中本项目获得专利5项。多数专利在本项目中应用效果良好，在提高项目质量、安全管理水平的同时取得了良好的经济效益。

（十一）项目级 BIM5D 管理平台

本项目深度应用 BIM5D 管理平台，对质量、安全、进度、材料及机械进行全面实时管控。在项目管理过程中利用 BIM 模型中的信息，通过随时随地获取数据为人、材 、机、料、法、环、测等工作进行工作计划的制定与实施，为项目管理层提供数据支持，实现项目的精细化管理，项目利润将提高 30% 以上。

1.BIM5D 进度管理

BIM5D 通过每日上传劳动力统计数据，最终与工程量及单位建筑面积进行挂钩并分析，形成企业自己的工效定额，从而在一定程度上解决“人”工作效率的不准确的问题，用“数据支撑决策”的新模式来代替 “靠经验估算决策”的传统模式。

通过 BIM5D 生产进度管理模块上传的施工进度照片及相应施工信息，并结合网络天气平台的信息，一键生成施工日志。一方面为现场施工管理人员减负，另一方面也解决了交工前期资料员恶补施工日记，造成施工日记与其他资料“不交圈”的情况。

把 BIM 模型跟网络计划工期关联起来，直观地体现施工的界面和顺序，从而使各专业施工之间更加协调与清晰。

2. BIM5D 安全管理

BIM5D 平台改变传统的施工现场安全管理模式，使每个员工充分利用信息化管理平台，发现问题及时上传，推送至整改责任人，并限时完成整改工作，使安全问题得到快速落实，提升项目安全管理水平，达到人人管安全、安全零事故的目的。截至目前，本项目累计通过 BIM 技术统计安全问题 869 条，避免了部分扯皮现象，同时，对于现有安全问题进行分析，降低后续此类问题发生的概率。

3.BIM5D 质量管理

通过 BIM5D 手机端，现场质量安全员在发现问题以后，直接通过手机端拍照上传，推送给相应责任人进行整改，加大管理力度、杜绝扯皮现象，避免了传统管理方式没有过程资料，后期问题追溯难的情况。

项目周例会针对后期得到的 BIM5D 网页端质量安全问题分布曲线，在生产例会上进行说明强调，对于质量安全问题较多的班组及人员进行批评教育，对于整改不及时的问题，下发整改通知单，并进行罚款处理。

4.BIM5D 成本管理

通过 BIM5D PC 端的高级工程量查询功能和物资查询功能可以轻松解决工程量计算的问题，从而解决材料用量的准确提报、验收及使用量控制的问题。

5.BIM5D 大数据分析

通过员工利用 BIM5D 平台，对施工现场质量、进度、安全等问题进行上传并及时整改，定期进行统计分析。BIM5D 平台还可以分析出每个员工的执行力及班组的整改力度等，为公司选用人才及优秀班组提供依据。

（十二）轻量化 BIM 应用

项目采购了 10 余台 iPad 用于施工管理，覆盖深化设计、现场管理、质量控制等各业务的 BIM 应用，显著提升现场管理效率。现场管理人员摆脱携带大量图纸的传统，同时综合全专业的模型更容易理解现场安装是否准确，也弥补了工程师的专业偏科的局限。

（十三）基于 BIM 技术智能安全帽

BIM 技术智能安全帽系统以工人实名制为基础，通过工人佩戴装载蓝牙定位功能芯片的安全帽，准确定位工人在现场的分布情况，进行安全预警，获取考勤信息等，实现实名制管理。

智能安全帽由配套的自感应门禁系统控制，系统自动识别统计人员进出场时间和基本信息，反应速度快，上下班高峰期无需等待，通过电脑客户端了解现场工人考勤状况。

BIM 应用总结

（一）BIM 应用效果总结

项目各参与方全面应用 BIM 技术，实现息县高级中学一期项目全过程应用 BIM 技术，采用 BIM 对设计进行建模、优化及深度优化工作，在设计阶段优化深化达到 22 项，在施工阶段前期发现解决图纸膨胀问题 63 项，与设计院及甲方进行沟通减少 25 项图纸变更，提高了工效，减少了材料和劳动力的浪费，有力地保障在 150 日历天内顺利完成竣工验收，实现验收一次性通过，实现施工期间零伤亡事故的目标，获得"信阳市安全文明工地及绿色示范工程"的称号。

在实施过程中，各参建方利用 BIM 技术在可视、协调、模拟方面的优势，有效地提高设计质量和效率，提升项目管理水平，促进项目节能减排与绿色环保工作的开展。据初步测算，结合 BIM 对建筑公共走廊安装空间警告进行的优化，为教学楼及宿舍楼公共走廊提高 90 毫米空间净高，优化了超过 7 处大型设备用房的机电排布，使物业运维更加便捷；优化了卫生间、室内、公共区域及屋面贴砖的施工方案，使现场工人施工有方案可依，严格按照 BIM 贴砖策划方案施工，避免返工，做到一次成优，获得业主及监理方的一致好评，并且达到了一次验收通过的效果。

（二）BIM 应用方法总结

1. 应用标准总结

息县高级中学一期项目在 BIM 应用过程中，逐步总结、发行、修订出一套基于

BIM 落地应用的管理流程和方法，在多单位协同、标准化模型传递、解决实际问题等方面起到突出作用。

2. 落地应用原则

在项目 BIM 落地应用方面，必须遵守标准、制度先行的原则，按照标准进行 BIM 应用，才能避免各参与方标准不同、应用的广度及深度不同，有效地避免返工或低效率的 BIM 应用。制度先行，用制度去约束各参与方，提高各参与方的 BIM 应用效率及工作主观能动性。

3. BIM 推动准则

企业要快速实现 BIM 应用，必须是自上而下的推动，并且与公司技术部门紧密结合，才能成为企业的 BIM 应用标杆，起到 BIM 技术的引领作用，使各项目自愿、主动学习 BIM 技术，实现公司 BIM 全员参与的理念，最终实现 BIM 技术的全生命周期的技术应用，达到用虚拟建筑运维实体建造的效果。

4. BIM 人才培养模式

人才培养模式主要有内部人才挖掘、外部培训机构深造及外部招聘 3 种模式。公司自 2017 年 2 月 15 日成立 BIM 中心，至今共举办 BIM 技术内部培训 5 次，主讲讲师分别由 BIM 中心人员担任，累计培训出 BIM 人才 150 余人。BIM 人员在公司主要分布在 BIM 中心、技术部、工程部、预算成控等部门；在项目上主要分布在技术质量科、工程科、预算成控等科室，为公司推行 BIM 技术全员参与的理念做准备。

5.BIM 应用经济效益

本项目运用 BIM 技术进行技术创新，主要体现在法兰悬挑定型化钢梁与承插盘扣组合使用、框架结构方柱方圆扣支模的方法及数字化型钢龙骨整张模版免开孔支模技术上。

本项目采用法兰悬挑定型化钢梁与承插盘扣组合使用：通过 BIM 技术对外架进

行技术创新，做到事前策划、事前交底、过程指导、过程验收的施工流程。工程标准层使用承插型盘扣式脚手架，按照每挑外架 1868.8 平方米计算，与传统钢管扣件式脚手架相比，材料租赁费 / 摊销费每月节省 2591.7 元，搭设人工费每次节省 21 工日，即人工费用 21×200 元 =4200 元，油漆材料费节省 2309 元，每挑外架搭设节约 9100.7 元，使外架施工速度快、整体形象美观、安全系数高、周转速度快。

本项目采用框架结构方柱方圆扣支模的方法：通过 BIM 技术，制作框柱方圆扣支模施工模拟三维动画，指导现场施工。采用常规施工，工艺简便，工人操作便捷、施工速度快，组装效率高，后期拆除速度快，节约工期，周转次数高，节约材料、技能环保。减少直接投入 8 万元，提高工效效益 3.5 万元，提高经济效益总额 11.5 万元，提高的经济效益率为 1.22%。

本项目采用数字化型钢龙骨整张模版免开孔支模技术：通过 BIM 技术，创新数字化型钢龙骨整张模版免开孔支模技术，指导现场工人进行施工工作。该施工技术采用常规施工，工艺简便，可操作性强，质量容易保证，模版使用率高，搭设效率高，节约材料及人工，用钢代木节能环保。减少直接投入 13 万元，提高工效效益 7 万元，提高经济效益总额 20 万元，提高的经济效益率为 1.15%。

由于本工程应用 BIM 技术效果显著，得到甲方、监理等相关单位的认可，顺利承接息县高级中学二期项目及后续息县高中所有工程，建筑面积约 50 万平方米。

6. BIM 应用社会效益

本项目对设计、施工及运维进行全面 BIM 技术应用，得到了业主及信阳市及息县等各级领导的高度关注与表彰。

通过本项目 BIM 技术落地实施应用及各参建方的努力，本项目在 2018 年河南省建设工程 BIM 技术应用成果评审中从 170 个工程项目中脱颖而出，喜获建筑类工程综合类一等奖。

第二节　河南在全省范围内积极践行数字建筑理念，形成独特的“数字化转型的河南模式”

建筑业是河南传统优势产业与富民强省的支柱产业，同时，河南建筑业的数字化转型也走在全国前列，我们称之为“数字化转型的河南模式”。从数字化转型程度来看，目前河南特级企业已经实现了信息化企业的部门级应用，但在信息化一体化集成建设方面河南还处于积极的探索阶段。项目层面上，河南一建、二建、五建、六建以及郑州一建等众多特级建筑企业和河南科建等一级企业，已经打造了一大批数字化应用项目，以项目部的日常生产活动为中心，打造项目级数字化协同管理模式。

从单个企业层面来看，可以看到河南施工企业对数字化技术的认可及对数字化转型的坚定信心，还可以看到施工企业在数字化转型方面所进行的积极探索，众多施工企业数字化转型探索之路形成了施工企业数字化转型的河南模式。正阳建设是一家中型特级施工企业，在 2018 年 3 月开始数字化转型，目前已经采用了项目级和企业级的数字化产品，正在向数据资产的利用上探索。正阳建设认为影响企业数字化转型最重要的因素是管理层数字化意识的养成，要从传统的经验思维转化为数字化思维。河南二建也是河南施工企业数字化转型的典型代表，河南二建通过实施数字化技术，在行业内率先实现了业务、财务、税务、资金一体化，完成了集团信息数据的互联互通，为河南二建集团的数字化转型提供了重要支撑。河南二建的数字化转型之路走得异常坚定，主要得益于数字化给河南二建带来了实实在在的效率的提高，为其实现规模化经营打下了基础。还有河南科建、中铁七局、郑州一建等众多优秀的企业在积极地探索数字化转型，也是建筑企业数字化转型河南模式的典型代表。

施工企业要积极打造无纸化施工、数字化项目、信息化企业

李娟

河南省建筑业协会常务副会长兼秘书长

建筑业是河南省传统优势产业和富民强省的支柱产业，近年来，全省建筑业年增加值占 GDP 比重达 5.7% 以上。同时，河南省建筑业数字化转型也走在了全国前列，形成了建筑业数字化转型的河南模式，为了从行业协会角度展示河南建筑施工行业数字化发展情况，广联达《新建造》编辑部记者专访了河南省建筑业协会常务副会长兼秘书长李娟，与读者分享建筑业数字化转型的河南模式。

请您简单介绍一下现阶段河南省建筑行业向数字化建设推进的基本发展情况？有哪些典型的应用案例？

在有关单位和建筑企业的共同努力下，河南省建筑业数字化现阶段的建设可归纳为：无纸化施工、数字化项目、信息化企业三个层面。

（1）无纸化施工：支撑项目精细化管理过程落地实施，立足点是减轻一线人员负担。

聚焦施工现场人、机、料、法、环五大管理要素，业务范围涵盖施工策划、现场人员管理、机械设备管理、物料管理、成本管理、进度管理、质量安全管理、绿色施工管理和项目协同等九大管理单元，充分利用先进的“智慧工地”技术和BIM技术，对施工现场各管理要素和管理单元进行模块化支撑，搭建各业务线岗位子系统，充分与现场一线业务深入融合，提高施工可行性、协同效率和管理精细化程度。

目前，河南建筑行业100%的特级企业和50%的优秀一级企业均已普遍开展了相当规模数量的应用项目，从进度、质量、安全、劳务等单岗位、单业务线方面实现了流程管理的数字化替代。

（2）数字化项目：构建数字化项目，实现项目生产管理信息化。

基本出发点是依托标准化项目管理流程，构建基于“BIM+智慧工地”技术的融合技术平台，以项目部的日常生产活动为中心，打造项目级数字化协同管理模式。实现各业务子系统的数据信息集成，打造数字化项目，全面实现项目数字化、在线化、智能化。通过高效的信息互联互通提高项目生产效率和管理水平，从而提高项目管理流程的执行效率，降低组织管理的难度和风险，解放项目管理层压力，提高人员单岗工作效率，推动项目精细管理落地，实现“减负、降本、增效”的目的。

如河南一建、二建、五建、六建以及郑州一建等众多特级建筑企业和河南科建等一级企业，已经打造了一大批该层面的数字化项目应用，作为本次峰会观摩的两个项目——河南二建承建的53%装配率的高端人才公寓项目，和河南科建承建的普通住宅项目，在利用数字化技术提升项目精细化管理方面均展现出了高超的技艺，也见证了河南在推进数字化项目建设方面取得的成果。

（3）信息化企业：使企业大数据战略成为可能，助力企业转型升级

依托“BIM+智慧工地”数字化技术支撑的数字化项目，在实现项目传统业务流程的融合替代的同时，也使企业依托数字化项目提取的经营、生产、技术、质量、安全、

物资、劳务、合同等汇集信息更准确、及时，为企业信息化、一体化集成奠定坚实的基础，有望解决企业数据信息“孤岛”问题，实现各业务部门数据的有效联动，使企业信息化水平过渡到大数据分析层面，辅助企业提高管理和决策水平。

目前，河南特级企业已经实现了信息化企业的部门级应用，但在信息化、一体化集成建设方面河南处于积极的探索攻坚阶段，如河南五建目前在实现了质量、进度、安全、劳务等企业级层面的应用后，正积极地推动多业务、多部门的一体化集成应用。类似的企业还有中建七局、中铁七局、郑州市一建、河南一建、河南六建等。

未来的建筑行业信息化发展，您会给怎样的建议呢?

目前从建筑市场发展的总体来看，从重“体量”向重“技术含量（BIM）”转；从重“规模”向重“效益”转。这也预示在接下来的 5 ~ 10 年，是建筑业从施工组织模式到建造工艺急速变革的时期，也是建筑业竞争、市场优胜劣汰的关键时期。

其他行业（如汽车行业、工程机械行业等）面对困境的发展经验表明，加大科技投入，用新技术改变生产力水平，可以提高行业和企业的竞争力。目前建筑行业的数字化转型升级，只有通过数字化、在线化、智能化的支撑，才能将工程建设过程提升到工业制造的精细水平，从而真正克服长期以来的建筑业粗放管理、利润降低等难题。因此，借助 BM 技术、云技术、大数据物联网、移动互联网、人工智能等新技术手段来推动建筑产业转型升级将是未来建筑行业的主要抓手，用数字技术真正促进项目精细管理变革，实现向管理要效益。

在数字化转型具体落地方面，建议广大建筑企业依托企业转型升级战略定位，加快 BIM(建筑信息模型)、大数据、智能化、物联网、三维 (3D) 打印等新技术的集成应用，实现项目管理数字化、在线化、智能化。广泛使用无线网络及移动终端，实现项目现场与企业管理的互联互通，提高企业生产效率和管理水平。打造无纸化施工、数字化项目与信息化企业。

省协会今年在信息化推广方面有哪些具体规划?

河南省建筑业协会本着积极推广新技术、引导好企业、服务好企业的宗旨，成立了智慧建造专业委员会， 立足于建筑业信息化相关政策要求、发展趋势和企业转型升级需求，以 BIM(建筑信息模型)、云技术、大数据、物联网、移动互联网、人工智能等信息化技术为手段，开展围绕绿色建造、智能建造、新型工业化建造等建筑产业转型升级内容的研究和推广工作，推动建筑业建造方式实现以绿色、创新为引领的高质量发展。

今年具体的规划有五个方面工作：

（1）整体推进：继续整体推进无纸化施工、数字化项目、信息化企业三个层面的工作。

（2）加大交流：通过邀请专家走进企业传经送宝，开办公益讲座以及企业和项目沙龙交流，助力企业人才培养。

（3）以赛促用：通过举办 BIM、智慧工地等有关的赛事和示范项目，做好过程帮扶指导，拉动新技术的落地应用。

（4）总结推广：通过组织编撰优秀应用案例和相关专业书籍，把优秀做法提炼成企业或项目可复用可借鉴的成功经验，加快技术的普及应用工作。

（5）专项攻关：聚焦行业安全、劳务、质量、精细化等热点问题，开展专题研究、服务好政府、帮扶好企业。

从经验思维到数字化思维打造企业数据中心势在必行

李文华

河南正阳建设工程集团有限公司总经理

河南正阳建设工程集团有限公司，是一家施工总承包单位，成立于 2003 年，在全国有 14 处分支机构。近些年集团公司不断探索数字化转型道路，将很多原有线下业务逐步搬到线上，集团管理者在这个过程中也不断积累经验，总结过程中遇到的问题，并且积极思考应对策略。作为河南建筑业骨干企业，我们专访了河南正阳建设工程集团有限公司总经理李文华，为读者展示建筑业数字化转型的河南模式。

企业简介

河南正阳建设工程集团有限公司成立于 2003 年，是一家融合建筑工程施工、市政基础设施建设、工程设计、施工技术研究、装配式建筑研发生产施工为一体的河南省建筑业骨干企业，年生产（施工）能力在 100 亿元以上，注册资本 50 亿元。公司具有房屋建筑工程施工总承包特级资质，工程设计建筑行业甲级资质，市政公用工程施工总承包一级资质，建筑幕墙工程专业承包与建筑装修装饰工程专业承包一级资质。公司业务涉及郑州、洛阳、新乡、信阳、北京、青岛、海南等地，在全国范围内承建了一大批重点工程。

现在越来越多的施工企业意识到了数字化转型的重要性，但是对于如何逐步推进并落地，很多企业都存在困惑。李总您作为施工企业的管理者，您认为在这个转型的过程中，最重要的是什么？

众所周知，科技是第一生产力，但这一定律在当今中国的建筑业体现得不明显。通过我们对建筑科技与生产力提高的分析，建筑科技包含了建筑材料、建筑机械、生产方式、组织方式、信息统筹等方向，而数字化转型是信息统筹、指挥、协调、决策的基础，只有将数字化平台搭建完成，其他相应的科技才能发挥应有的效率，从而提高生产力。

建筑业发展到今天，从粗放式管理到精细化管理是一个必然的过程，在没有信息统筹（数字化）的情况下，会产生管理指挥层级过多、专业细分化过多等问题，从而导致管理成本大于生产成本（指人员配置）的现象。同时因层级增多，指令传导失真增高，加之人为因素的干涉，出现执行力下降等现象。这是与企业发展背离的，而信息统筹（数字化）能实现在管理成本（人才）不增加的情况下，达到精细化管理、专业化细分的目的。

当今的建筑机械、建筑材料（PC）、建筑设计、预算成本、项目管理、民工实名制、扬尘治理、消防系统、电力系统、市政系统、智能化系统等几十个单项，都有各自不同程度的数字化，但均各自为政。信息统筹（数字化）能有效地解决上述问题，从而解放建筑行业的生产力。

从2018年3月，正阳建设开始进行转型升级，致力于打造一个高科技建筑施工企业，而要打造一个高科技建筑施工企业，数字化、智能化是必不可少的一环。目前，国内劳动力老龄化情况愈演愈烈，工人工资持续走高，而相应的新机械、新技术、新型施工工艺（如装配式）能降低成本，而使用新技术与新型的数字化管理并不会为企业增加太多的成本，可以为企业转型升级提供非常好的契机。再加上目前的政策导向，政策为装配式等新工艺提供了各种便利，甚至有一些强推的政策，这些都为企业转型升级提供了一个良好的社会环境。

在影响企业数字化转型的重要因素中，首先就是管理层数字化意识的养成，要从传统的经验思维转化为数字化思维，将原来根据经验进行决策的方式转换为以数字化来辅助决策的方式。其次就是随着数字化的不断深化、大数据产业的不断发展和信息技术的不断更新，可对过程中积累的大量数据进行深度应用，尤其是在建筑行业市场竞争越发激烈的环境下，更需要对企业产生的大量数据进行分析与挖掘，以更好地辅助决策。所以筹建企业自己的数据中心势在必行，我们也就如何建设数据中心，使之发挥更大的数据价值，和广联达企业 BI 产品进行了很多的业务探讨。

正阳建设目前的数字化建设达到了什么程度？有哪些应用成果可以跟我们分享的？

正阳建设 2018 年 3 月定下转型升级的基调后，就着手调查国内知名的各个建筑工程数字化平台公司，经过多方筛选最终选择与广联达公司达成战略协议。不过严格来讲，当今世界目前的数字化建设还只是一个初级阶段，以后需要走的路还很长。

目前我们开通了综合项目管理系统（GEPS）、劳务管理系统、物料管控系统、安全管理系统、质量管理系统、“BIM+ 智慧工地”数据决策系统、“BIM+ 技术管理”系统等。通过和广联达科技股份有限公司的多次沟通，采用企业级项目管理平台与

“BIM+智慧工地”平台等，将设计、建设、管理统一在三维信息模型上，数据互联互通，提升了人工智能管理、协同办公、进度成本、质量安全和绿色环保等方面的施工管理水平，打造出智慧工地三级架构，探索出了全新的管理模式。通过综合项目管理系统，实现了项目业务管理流程的统一，覆盖了项目管理全过程，推动了项目标准化、规范化管理；通过管控参数，加强过程管控，变被动管理为主动管理，支持严管、受控管，实现了多项目、多维度的动态管理，实现了整个集团的集约化经营与项目精细化管理的目标。通过 BIM5D 平台，进行质量、安全、进度等协同管理，与传统方式相比，不仅使问题可追溯，还大大提高了项目的沟通效率。通过智慧工地平台的应用实现了项目智能化管理和数字化办公。

目前我们既有项目级又有企业级的产品，会产生大量有价值的数据资产，如何将这些数据更好地积累利用起来，建立企业数据中心以及决策系统，形成企业的智慧大脑，就是目前我们非常关注的问题。

您认为建设企业数据中心最主要的价值是什么呢？

首先我希望数据中心能洞察现状，就是对我们企业在各种信息化系统中已经产生的大量数据以可视化的形式呈现出来，并且可以追溯到数据来源，真正做到四通，业务线前后打通、业务之间横向打通、项目生命周期前后打通、上下级之间纵向打通。我们技术中心下的信息部，主要职责就是将企业各应用软件都整合到一个平台，为后续的四通打好基础。其次我希望数据中心能对异常数据进行预警和提醒。最后我希望可以通过已有数据对未来趋势进行预测，比如预测进度延期情况，工程款最终结算情况等。当然如果还能有更智能的方式，我们是很期待的。

那您理想的企业数据中心是什么样子的呢？您可否描绘一下，后续您有什么进一步的规划吗？

我理想状态下的建筑企业信息统筹系统，是一个类似windows办公系统的大平台、大系统，即通用全建筑业的，又能对不同的使用者进行个性化设置的，是一个涵盖勘探、设计、施工、监管、交通、监控、经济核算、物管、运营、设施、设备管理等全方面的大系统，各子系统像插件一样能无缝对接。是一个既可追溯过去，呈现现在，又能推演未来的具有高度人工智能的系统。

要达到这一目标很漫长，因为没有相应成熟产品，需要各行各业的协同、探索、支持和努力。广联达公司已经在这方面做出了很好的探索，领先于同行。接下来，我们将一起逐步探索和实践，打造具有企业特色的数据中心。

我们说数字化思维的最终目的是辅助决策，建立企业数据中心就应该按照以始为终的思路筹建，我们要从战略高度出发去设计指标，然后整合并判断企业现有系统及数据是否可以有效支撑指标建设，最终指标体系要与我们企业战略挂钩，这是我们的目的。

当然从战略层到具体指标的形成，不是一蹴而就的，而是依据组织体系自上而下逐层分解的，决策层向经营层提出要求，经营层向管理层提出要求，管理层向实施层提出要求。由于建筑行业业务的复杂性，分解下来的业务指标点众多，我们将从中去粗取精，保留重要业务点做重点监控。我们目前比较关注企业目标分析、市场及客户分析、经营和经济分析、安全和质量分析、技术分析、项目综合评定等分析。

结合使用经验，我们重点关注以下几点：

（1）各系统之间数据打通共享。

（2）系统操作简易，使用者上手快，使用方便。

（3）开发相应的硬件与设备，达到系统想要的目的和功能。

正阳建设的未来，是打造以科技为核心竞争力的建设集团，用科技的手段提高生产效率，用科技的手段解放生产力，用科技的手段降本增效，用科技的手段塑造品牌，这是坚定不移的道路，所以对于信息统筹（数字化）这一核心环节将倾注更多的探索、投入和努力。

广联达公司是我们很钦佩的公司，在企业数字化转型及企业数据中心的建设路径方面为我们提出了很多建设性意见，很值得我们深思，我们也希望后面如果有机会可以和广联达公司一起把正阳建设自己的指标体系设计出来，迈出企业数字化辅助决策关键的一步。

数字化技术是企业实现规模化经营的基础

都宏全

河南省第二建设集团有限公司副总经理

河南省作为施工企业数字化转型的代表区域，在数字化转型道路上形成了诸多河南特有的方式，为了展现施工企业数字化转型的河南模式，广联达《新建造》编辑部记者专访了河南省第二建设集团有限公司副总经理都宏全。河南二建集团通过实施数字化技术，在行业内率先实现了业务、财务、税务、资金一体化，完成了集团信息数据的互联互通，为河南二建集团的数字化转型提供了重要支撑。那么在企业数字化转型的道路上，河南二建集团有什么样的经验和教训呢？

您认为与传统的项目管理相比，数字化技术的应用在哪些方面可以提升项目的管理水平，真正实现项目上的降本增效？

我们公司是2009年开始启动信息化建设的，到2019年正好十年，信息化已经深深融入企业员工的日常行为和工作习惯当中，成为企业管理和企业文化的重要组成部分。十年的信息化建设，带给我们企业最大的价值，一是工作效率的提升，二是数据带给企业的决策自信，三是对企业转型发展提供了重大支撑。得益于公司的数字化技术，我们才敢于把公司的市场规模从十年前的不到20亿，发展到现在的上百亿，并向营销和营收双百亿目标发起冲刺，市场也基本完成了全国布局，并成功开拓了巴基斯坦、尼日利亚、塞内加尔、土耳其、沙特、斐济等海外市场。总之一句话，公司这些年的发展，如果没有数字化技术支撑，那是不可想象的。

谈到数字化技术对提升项目管理的价值，我认为至少有三点，一是项目基层人员获取公司和项目信息更加方便快捷和系统全面了，这有助于加快新入职员工的成长速度；二是项目实现“业财税资一体化”后，“业财税资”四个系统就实现了数据同源，彻底解决了业财税资系统之间繁琐的对账问题；三是数字化和数据分析技术的应用，为推动项目精细化管理提供了重要的数据支撑。随着BIM技术和物联网设备的成熟和推广应用，我相信，数字化应用会给项目管理带来更大价值。

在您看来，项目的标准化水平是否是评价项目管理水平很重要的一个方面？另外，在标准化建设方面，您有什么样的思路？

那当然。其实项目标准化管理应该包括三个方面，一是现场文明施工标准化，包括企业形象、安全防护、标牌标识等，这是项目管理标准化最直观的部分；二是现场施工工艺和质量标准的标准化；三是管理制度、管理流程的标准化。现在大家比较关注或者做得更多的还是现场文明施工的标准化，但是，我认为质量工艺标准化和管理程序的标准化，更能反映企业或者项目内在的管理能力和管理水平。随着数字化技术的不断成熟和推广应用，项目标准化管理必能得到大幅度提升。

贵公司在推进数字化技术的过程中遇到什么样的障碍？又是怎么解决的？

建筑业是一个非常古老传统的行业，这个行业对社会新兴事物的认知和接受，会有相当长的滞后期，对数字化技术也一样；另外，建筑施工企业管理差异性较大，规范化、标准化程度相对较低，这都是制约建筑企业推行数字化技术的客观障碍，主观认识上，改变人的习惯历来都是最难的，所以，建筑施工企业推广数字化技术，必然会遇到比其他行业更大的障碍和阻力。我们公司当然也不例外。我们公司推行数字化的障碍和阻力，主要是在信息化推广前期，因为没有专业人员与实施经验，做出来的系统效果确实也不好，再加之大家使用上的不习惯，所以，公司除了董事长和信息化实施团队等少部分人以外，大部分人对公司信息化建设都不太认可，包括部分公司高层领导，公司信息化实施进程随时有被搁置的风险。但当时公司董事长对推行信息化的态度比较坚定，也就是他的一句“不换思想就换人，今天就从我做起”的担当和坚持，拯救了公司的信息化，就是从那天开始，公司的信息化建设和推广基本没再遇到过大的阻碍。所以，我们常说“信息化是一把手工程”，我们是通过自身实践认识到了这句话的分量，我们推行信息化的感受就是，“一把手”在关键时刻的坚持和支持，是企业推行信息化的最大保障；用好、好用是企业推行信息化的最大动力；当然，企业的执行力也是推行信息化的关键要素。

数字化的应用一定会带来一些成本的增加，您怎么来看待数字化应用的投入产出比?

业内很多人都说企业搞数字化就是烧钱的，数字化带来的价值也是无法衡量的，我认为这种认识不太全面，我们从自身实践中认识并有效解决了这个价值衡量问题。我们公司在2009年开始推行信息化，2012年，实现了常态化运行并成功申报了住房和城乡建设部的科技示范工程，当时，我们对比了推行信息化前后连续五年的财务数据，发现在推行信息化以后，每年公司节省的差旅费、会议费、纸张等办公经费就有500多万；每年节省的公司内部转账等银行财务费用就有200多万，加在一块儿近800万元，这还只是我们能够统计可以量化的价值。其实，我认为数字化带给企业的效率提升和决策自信，才是我们公司数字化应用的最大价值。

企业的信息化建设需要可持续的发展，在人才梯队、方法总结、系统培训等方面，您认为企业应该在哪些方面进行思考和行动？

企业信息化建设的可持续发展，保持高效的人才梯队建设和系统培训很重要，但是，我认为更重要的，一是需要企业保持对信息化的持续投入；二是信息技术日新月异，企业数字化应用也要懂得与时俱进；三是企业信息化应用要做到持续优化完善，不断丰富和提升用户体验；四是企业信息化建设，要服务企业发展战略，为企业发展战略提供及时高效的数字支撑。我认为只有这样，企业的信息化建设才能拥有强大的生命力，也才能保持较好的良性发展。

展望未来，贵企业在数字化建设方面有哪些规划？您对企业乃至行业数字化建设方面有哪些建议？您是如何展望建筑业数字化发展的？

我刚才说过了，我们开展信息化已经十年了，公司的信息化也已经从1.0步入到了信息化2.0时代，我们信息化2.0规划的总体目标就是“集成化、移动化、数字化、国际化”，这也是和公司的发展战略高度匹配的。目前，我们已经完成了信息化2.0

规划的核心部分——“业财税资一体化”，实施和应用效果非常好。接下来，我们要做 OA 深化应用、移动深化应用以及智慧工地建设，明年要实施核心业务系统的国际化应用，搭建门户集成平台，如期实现信息化 2.0 的“四化目标”。

我认可那句话“好企业都在搞信息化，信息化好的企业发展都很好”，所以，我对企业数字化技术的建议就一句话，“没用的赶快用，用的就好好用”。我相信，随着云技术、物联网、大数据、BIM 技术、5G 技术的不断发展和成熟应用，随着建筑行业对数字化技术的认知度不断提高，行业数字化应用一定会越来越好！

建筑业数字化发展的步伐在加快且前景乐观

马西锋

河南科建建设工程有限公司副总经理

河南科建建设工程有限公司注重科技创新，以“标准化、精细化、数字化”管理为基础，积极探索BIM技术、云计算、大数据、移动互联网、人工智能等信息技术在工程管理中的应用，构建项目级、企业级数字化管理平台，并以数字化转型为契机，提升公司核心竞争力。为了展现施工企业数字化转型的河南模式，广联达《新建造》编辑部记者专访了河南科建建设工程有限公司副总经理马西锋，请马总给读者分享河南科建数字化转型的经验和教训。

您认为与传统的项目管理相比，数字化技术的应用，在哪些方面可以提升项目管理水平，真正实现项目上的降本增效?

众所周知，建筑施工行业存在产品多样、建筑产品生产场所不固定、生产周期长、作业工人流动性大、生产影响因素多等特点，建筑施工项目的管理相较其他行业项目的管理难度更大。就施工项目管理而言，项目管理可分为工期管理、质量管理、成本管理、安全管理、人力资源管理、财务管理等多个方面。传统的项目管理存在着诸多问题，如管理过程的可追溯性差、管理数据流失严重、数据资产形成和归集难度大、管理效率低、成本高、不够绿色化等。而数字化技术的应用在很大程度上改变了以上情况，特别是在质量管理、安全管理和生产管理方面。

质量和安全管理方面：目前市场上建筑业企业使用的数字化产品多为平台类软件和岗位级应用软件，充分结合云计算、大数据、物联网、移动互联、智慧城市及BIM技术的应用，很大程度上提高了质量及安全管理的效率，提升了管理的品质，管理成本相较传统管理方式也有明显的节约。就目前河南科建建设工程有限公司数字化技术的应用情况来看，我们主要从完善项目质量与安全管理流程，明确项目质量与安全管理内容，规范作业工序等几个方面提高了项目管理标准化的程度，从而使得项目管理水平和管理效率有了很大程度的提升。数字化技术采用移动终端采集和浏览数据，云平台储存和管理数据的方式，解决了传统管理模式项目管理的可追溯性差、管理数据流失严重、数据资产形成和归集难度大等一系列问题。

生产管理方面：在生产管理过程中结合BIM技术、网络计划软件、云计算、物联网设备、智能终端设备及生产管理平台的应用，将传统模式的工期计划、材料、机械、劳动力资源管理数字化。通过平台上传的网络计划与BIM模型及施工工艺结合，利用平台的集成优势及智能化应用，提醒项目管理人员在合适的时间采用合理的措施，完成相应分项工程甚至工序任务，并且提供完成这些任务需要投入资源的参考数据。还可以利用平台的数据归纳、总结与分析功能，完成工程项目管理过程的检查及改进工作，如平台周例会模块的应用。从而提高生产管理的水平和效率，降低管理人员投入数量，优化资源投入，达到降低生产管理成本的目的。

在您看来项目的标准化水平是否是评价项目管理能力很重要的方面？另外在标准化建设方面，您有什么样的思路？

项目标准化水平的确是评价项目管理能力的一个重要方面。在项目管理过程中，通过对国家现行标准、规范的深度学习并结合建设项目的类别、类型将项目管理的具体内容进行合理的分类整理，规范项目管理参与者的职责和业务范围，实现管理内容标准化；通过科学合理的组织管理，总结管理经验，优化、固化管理程序，完成管理程序标准化；对建设项目进行分类细分并结合管理人员能力水平及作业工人能力评价结果，将建设项目按照单位工程、分部工程、子分部工程、分项工程、工序进行目标分解，结合各工序施工所需的人、机、料等资源，形成标准作业包，实现作业工序标准化。而实现以上三个标准化，需要在项目管理层对国家标准及规范的掌握程度、技术水平、管理经验及经验总结能力、对管理人员和作业工人的评价能力等均较高的情况下才能实现，所以项目标准化水平是项目管理能力的一个直接体现。

在标准化的建设方面，我觉得应该遵循以下几点：

标准化建设要紧跟国家现行法律法规、标准、规范进行规划。建筑工程项目的管理及管理效果评价的主要依据就是现行法律法规、标准、规范。在企业进行项目管理标准化建设的规划阶段，要充分考虑标准化建设是否符合现行的法律法规、标准、规范的规定和要求，在规划阶段避免因标准化建设的错误给项目带来的损失。

标准化建设要结合企业自身情况进行，要务实，不能盲目跟进或刻意追求标准的高度。很多施工企业已经认识到标准化建设的重要性，并且开始本企业的标准化建设的调研、考察学习、制定标准化建设的计划等工作。频繁地参加行业峰会，多次组织团队对外交流学习，参考引进先进企业的管理标准，花巨资购进信息化管理平台……到头来却发现标准化建设的状况仍然不尽如人意。原因就在于在标准化建设的规划和实施过程中没有充分结合企业自身的管理特点和管理能力，盲目地贪图标准的高大上，追求信息化平台功能完善程度，造成标准化的建设与执行能力严重脱节，效果当然不会好。

标准化实施过程中要有完善的机制和制度保障。企业应该根据自身的情况建立完善的机制，确定标准化建设的阶段性目标，并根据目标任务进行分解，明确标准化建设参与者的职责、权利及考核办法，制定制度及奖罚措施，以鼓励和约束员工参与标准化的建设工作。标准化建设是一个持续改进、不断完善的过程。

贵公司在推进数字化技术过程中，遇到的主要阻碍有哪些？又是怎么解决的呢？

公司推进数字化技术的过程中大多都会遇到来自多个方面的阻碍，就我们公司的实际情况来讲，遇到的阻碍主要来自以下几个方面。

来自项目基层的阻碍：不会用、不愿意用、成本因素。

来自公司高层的阻碍：对数字化技术的发展趋势及其价值认知不足、成本因素、数字化技术应用难度以及高层对数字化技术推进的决心不够。

来自于数字化技术本身的阻碍：数字化产品价值低，解决不了管理实际问题，产生不了价值，不能在降本增效的前提下实现对传统管理模式的替代；产品价格高、操作难度大、使用门槛高，不能把握时代发展的脉搏，难以解决企业需求等。

项目基层阻碍的解决办法：通过员工培训和交流学习活动提升员工应用数字化技术的能力；通过完善制度的奖罚措施激励和约束员工应用数字化技术；将数字化技术

应用的成本提前测算出来并列入项目成本，让项目管理层有数字化技术的资金支持。

企业高层阻碍的解决办法是：通过对外交流学习和开展企业内部数字化应用试点工作，让企业高层对数字化技术的管理价值和数字化技术带来的数据价值有所了解并坚定企业高层推广数字化技术应用的信心。

数字化技术本身阻碍的解决思路是：积极深度应用数字化产品，及时反馈产品应用上的不足、应用需求及解决问题的思路供数字化产品生产企业参考，提升数字化产品的易用性和数字化产品的价值；有条件的企业可以考虑与数字化产品供应企业强强联合，开发更加适合企业自身管理水平及需求的数字化产品，从而作为龙头企业引领建筑业数字化技术的发展。

数字化的应用，一定会带来一些成本的增加，但是它带来的价值是无法用资金去衡量的，您怎么看待数字化应用的投入产出比?

数字化的应用造成的成本增加主要包括以下几个方面：软件购置费用、硬件购置费用、学习培训费用及人工工资等，相较传统管理方式成本增加是比较明显的，同样大家也都面临着数字化技术的应用价值无法通过资金量化的情况。

我觉得应用综合的角度来看待数字化应用产生的价值，就建筑产品的特性来看，分为安全风险、质量风险、成本管理难度、生产周期会的管理价值和数据价值。这些价值的体现也需要企业选择数字化产品应用样板工程与传统管理模式工程进行对比，通过对比结果来总结数字化应用的价值。价值对比可以在各管理要素、生产要素、人才培养及成长、作业班组及供应商评价、经济效益等多个方面开展。选择样板工程项目时要充分考虑与传统模式管理项目的相似性，并排除部分干扰因素，认真分析和总结数字化应用的价值，为企业全面推广数字化应用提供价值依据和管理经验。

企业的信息化建设需要可持续的发展，在人才梯队、方法总结、系统培训等方面，您认为企业应该在哪些方面进行思考和行动?

企业信息化建设要想可持续的发展，就必须让大家看到企业信息化建设能够给大家带来的价值有哪些。而企业信息化建设价值的体现，则需要扎实地做好信息化建设过程中人才梯队的建设与信息化建设的方法总结、系统培训、效果评价等工作。

在人才梯队建设和系统培训方面，我觉得应该考虑运用数字化的方式对员工进行评价，根据员工自身优缺点进行因材施教的培训和教育，提升员工专业素质和技能；用数字化应用过程中获得的企业数据资产为员工赋能，加快人才成长的速度；按岗位层级的不同，采用适当的方式对人才进行晋升通道的规划以及薪酬管理，留住人才。

信息化建设过程中，难免会走弯路，当然也会积累经验和成果。我觉得企业要学会分享这些走弯路得到的教训、积累的经验和成果。成果的分享可以在子分公司之间、项目之间、不同部门之间甚至不同员工之间进行，通过教训、经验、成果的分享来提升参与者的信息化建设的信心和效率。河南科建建设工程有限公司 2018 年有创“中国建设工程鲁班奖”的经验，我们做到的不仅仅是将奖杯捧在手中、放在口上及企业宣传网站、册页上，还将创奖的心得体会在项目间进行分享，并且完成了《企业质量管理标准化图册》和《企业质量管理强制执行措施图册》的编制和发行，创优的成果得以固化成为企业标准。本人觉得以上创优方法的总结、分享和成果的固化也可作为信息化建设方法总结的参考。

展望未来，贵企业在数字化建设方面有哪些规划？您对企业乃至行业数字化建设方面有哪些建议？您是如何展望建筑业数字化发展的？

科建的数字化建设规划分为三步：实现项目管理数字化、实现企业管理数字化和实现产业工人管理数字化。

关于数字化建设的建议主要有以下几点：

建议各企业加大数字化建设方面成果及非企业核心竞争力的相关数据的共享力度，为行业主管部门制定法律、法规及标准提供依据。使制定的法律、法规及标准更能适合、适应建筑行业发展特点，从而推动整个建设行业的数字化建设。

建议建设行业主管部门加大数字化建设的管理力度。通过制定相应的激励政策及管理措施，提升企业数字化建设的积极性。加快数字化建设标准制定的步伐，让建筑业企业数字化建设中有标准可依，减少企业数字化建设过程中走弯路，减少不必要的浪费，从而提升建筑业数字化发展的速度和品质。

建议行业协会更大程度地发挥桥梁和纽带作用，推动建筑业数字化建设前进的脚步。行业协会可以组织建筑业数字化建设方面的培训会议，主要宣贯、培训相关的政策、法规、标准及规范，提升建筑业企业数字化建设的水平；可以举办建筑业数字化建设方面的竞赛，让细化、规范的竞赛评价标准成为建筑业数字化建设的导向；可以组织召开建筑业数字化建设成果交流会议，让数字化建设先进企业分享成果，提升行业内企业数字化建设的整体水平，从而推动数字化建设发展的步伐。

对于建筑业数字化发展，本人是持非常乐观态度的。随着建筑业企业转型发展的潮流，建筑业数字化发展的步伐将逐步加快。随着科学技术的发展以及建筑业工业化程度的提高，建筑业数字化发展前景将更加广阔。如：

智慧化的项目管理平台的出现及应用。目前项目级管理平台基于互联网、云计算及移动终端应用，多数平台尚未集成物联网、人工智能等应用，基本能够实现项目管理的数字化，实现数字化技术的管理价值和初步数据应用价值。随着数字化技术的发展和建筑业企业对数字化及数字化产品的认识和应用程度的提高，相信在近几年内将出现能够智能收集施工管理信息并将信息分类整理、分析及应用的智慧化项目管理平台。这些平台的特点就是集 BIM 技术、云计算、大数据、物联网、移动互联、智慧城市等数字化技术于一身，可以部分替代环境恶劣或对管理者素质要求较高的部分安全、物资管理决策工作，真正实现工程项目的智慧建造。

智慧化的企业级管理平台的普及应用。在智慧化项目级管理平台应用的基础上，将出现能够将企业各项目管理平台数据信息集中呈现、整理、分析的企业级管理平台，这样的平台同样具有智慧化的特点，能够为企业决策提供依据，并根据获得的各项目管理数据分析结果，自动将有助于项目管理的信息反馈到项目级管理平台。

智慧工地的出现。随着数字化技术的发展，“四新”技术的应用及建筑工业化的发展，更加安全、更加绿色化、更加智能化的工地将会出现，这就是真正意义上的智慧工地。

相信在不久的将来，智慧建造将不再是神话。

中铁七局数字化转型在路上——项目综合管理信息系统建设

于小四

中铁七局集团副总工程师

中铁七局集团有限公司注册地在河南省郑州市，是一家以建筑施工为主的国有大型建筑施工企业。在数字化转型的过程中采用了项目综合管理信息系统，来解决数据管理的困难，其中工序流程卡作为项目综合管理信息系统的重要组成部分，在提高中铁七局数字化水平的过程中发挥了重要的作用。

中铁七局 BIM 技术研究工作起步于 2014 年 4 月，当时主要依托南昌港口大道项目，开展了 BIM 技术在市政工程中的应用技术研究，通过近几年的努力，已在 BIM 技术研究应用方面取得了一定成绩。但是，当今 BIM、智慧工地、大数据、人工智能等新技术已经成为建筑施工行业的应用趋势，中铁七局在顺应行业趋势、践行数字化转型的过程中，遇到了数据管理的困难。

传统的数据管理是基于某个具体的业务部门或个人针对数据录入、数据汇总、数据分析等基础需求进行的单一化的数据管理。不同业务线的数据相对而言是独立存在的，数据从业务层面难以互通。再者，数据口径不统一，导致数据管理混乱，部门之间的数据壁垒等等问题就会出现。如何对传统数据管理进行创新，整合成统一维度的数据集，并按照各业务分类进行自助分析，不仅方便自己也方便别人，为企业积累数据资产，类似问题俨然成为每个建筑施工企业迫在眉睫需要解决的事情。基于此，中铁七局着手开展了项目综合管理信息系统建设。

一、项目综合管理信息系统概述

中铁七局项目综合管理信息系统是以“BIM+ 项目管理”为核心的综合性企业信息化管理系统，系统的核心目的是为企业管理及项目部自身管理提供一套以 BIM 技术为载体、以信息流转为目的、以项目管理为核心的综合性、领先性的项目综合管理信息系统。该系统主要是以 BIM 基础平台作为功能集成的载体，实现以系统基础管理、数据集成为基础架构，围绕 BIM 应用管理、进度管理、安全管理、质量管理、视频监控管理、成本管理、物资管理、设备管理、劳务管理、资料管理以及移动应用等方面，形成统一模型、统一标准、统一应用的“BIM +PM”的应用体系。

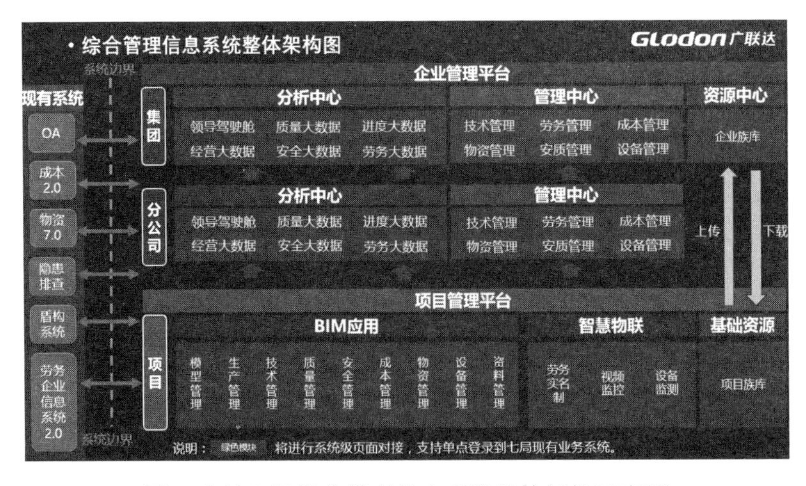

图 1 中铁七局综合管理信息系统整体架构示意图

基于“横到边，纵到底”的系统建设思想进行整体规划。在纵向，系统分为项目、分公司、集团三个业务层级，应打通数据传递壁垒、规范标准、数据共享，将项目现场产生的业务数据实时归集到企业。在横向，系统覆盖市场经营、成本、技术、生产、质量、安全、物资、设备等全业务板块，打造覆盖全业务板块的一体化信息服务平台。其中数据是“中铁七局项目综合管理信息系统”的核心资产，通过与BIM模型的结合，可以将施工现场的管理深度推动到构件级，进而有效提升现场的精细化管理水平。

中铁七局项目综合管理信息系统业务范围 **表1**

层级	分类	业务范围
项目	BIM应用	进度管理/技术管理/质量管理/安全管理/资料管理/工序流程卡/成本管理/物资管理/设备管理
	智慧物联	劳务实名制/视频监控/设备监测
	基础资源	项目族库
	项目BI	项目概况/生产管理/质量管理/安全管理/成本管理/物资管理/模型浏览/设备监测/劳务管理/视频监测/资料管理/项目族库
分公司	分析中心	生产进度大数据/设备管理大数据/质量管理大数据/安全管理大数据/物资管理大数据/成本管理大数据/劳务管理大数据
	管理中心	技术管理/劳务管理/成本管理/物资管理/安质管理/设备管理
集团	分析中心	生产进度大数据/设备管理大数据/质量管理大数据/安全管理大数据/物资管理大数据/成本管理大数据/劳务管理大数据
	管理中心	技术管理/劳务管理/成本管理/物资管理/安质管理/设备管理

项目层系统分为：BIM应用、智慧物联、基础资源及项目BI四个部分。BIM应用是基于BIM系统满足现场进度管理、技术管理、质量管理、安全管理、资料管理

的业务需要，兼顾成本管理、物资管理、设备管理，实现项目自身的精细化管理；智慧物联是结合物联网技术，通过智能终端硬件设备对劳务实名制管理、视频监控、设备检测等实现智慧化管理；基础资源是通过项目族库和企业族库实现 BIM 模型的自动分类管理，支持 BIM 族库的发布、分享、下载、调用等基础应用。

企业层级分为集团级和分公司级，可根据权限进行管理权属划分。企业管理平台主要分为三部分：分析中心、管理中心、资源中心。分析中心将企业中所有系统中的数据进行有效整合，快速准确地提供可视化报表并提出决策依据，帮助企业做出明智的业务经营决策；管理中心主要由公司现有的业务系统组成，在维持现有工作习惯不变基础上，实现统一的平台登录体验；资源中心主要是基于企业族库实现 BIM 族构件在企业内部进行储存、下载和分享的一个中枢，并统一模型标准为项目开展 BIM 基础应用工作提供便利。

二、项目综合管理信息系统建设目标

中铁七局项目综合管理信息系统的建设旨在帮助中铁七局运用先进的云计算、大数据、物联网、BIM 等信息技术实现项目工作的标准化、规范化和智能化，提高项目管理效率和效果，降低项目管理成本和风险，促进企业管理模式升级和管理水平提高，最终实现企业现代化管理并提升市场核心竞争力。具体目标如下：

（1）统一数据口径，实现项目管理中各业务系统数据的标准化和规范化，通过项目综合管理信息系统的建设实现项目管理流程标准化和制度规范化，加强项目管理制度的执行力度。通过项目综合管理信息系统的建立，实现企业内部资源整合，降低成本和经营风险，提高利润率，提升企业的精细管理水平，取得实施信息化建设的收益。

（2）建设项目管理的业务集中处理、数据信息共享的基础性平台，统一身份认证，统一流程引擎，统一数据接口，各业务子系统以功能模块的形式建立于平台之上，子系统之间相互独立工作，数据有效共享。以建设工程项目综合管理信息系统为核心，实现办公和建设工程项目、招投标信息、工程成本信息、机械设备等数据集中管理、全局共享。

（3）构建项目管理的多级管控体系，按照项目部、指挥部、公司、集团公司的不同管理需求，定义不同层级的管控中心，提供多维度管理数据，提高系统的实用性和适用性。使公司各级建设项目管理机构都能通过工程项目综合管理信息系统实现职责范围内的项目管理需求。

（4）系统应用以 PC 端操作为主，日常现场业务处理及主要数据信息浏览实现手机端操作。建立企业的决策分析中心，为满足领导决策和建设工程项目监督管理提供所需的数据分析依据和报表。

三、工序流程卡

作为项目综合管理信息系统的重要组成部分，工序流程卡在提高中铁七局数字化水平的过程中发挥了重要的作用。

（一）工序流程卡概念

制造（生产）单个产品（构件）达到某一特定结果的步骤或先后加工次序列表形成的卡片被称为工序流程卡，是由一系列的工序组织而成的。它是进行生产技术准备、编制作业计划和组织生产的依据。

（二）工序流程卡推行目的

目的：一个目标、两个提升、三个突破。

（1）一个目标，即项目通过在流程卡编制过程中不断实践完善，用最直观和便捷的方式让现场的每个技术人员清楚自己的责任和工作标准，逐步提高现场技术管控能力，最终形成一套完整有效的工程工序流程卡，在今后工程中推广应用。

（2）两个提升，即“一检通过率”再提升、技术员能力再提升。通过编制工序流程卡，卡控施工安全质量问题，提高监理“一检通过率”，同时也帮助技术员增强现场管控能力，建立起一套线下专业技术人员工序作业流程标准，使现场技术管理人员对工序的概念、工作的标准更加清晰，使自身的技术能力更上一层楼。

（3）三个突破，即一要突破管理制度，二要突破人才队伍建设，三要突破工程安全质量和进度。以流程卡为抓手，通过制度创新、制度完善、人才使用配置，实现施工质量平稳可控。

四、工序流程卡推行应用现状

（一）工序流程卡推行流程，如图 1 所示。

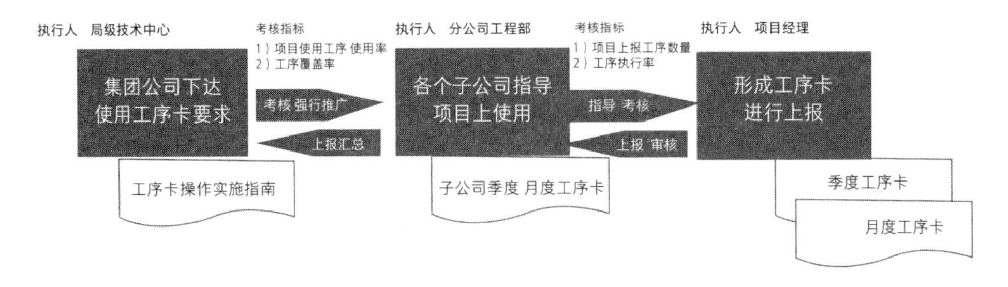

图 2 工序流程卡

局级公司侧重于项目覆盖率考核；分公司侧重于工序覆盖率考核。

说明：

（1）季度工序卡展示的内容是未开始、已经完成、正在进行中、近期一个季度将要施工的工序内容。

（2）月度工序卡展示内容是已经完成、正在进行中、近期一个月内将要施工的工序内容。

（3）子公司每月 15 号上报给局里，项目部每月 13~15 号上报到子公司。

（二）推行效果（郑州 4# 地铁线）

项目上工序流程卡编制要求：关键工序、高危工序才考虑编制，非关键工序暂不考虑。

（1）项目开工前，由项目总工根据实际现场情况编制工序流程卡，编制范围是计划 1 月内开工的分项内容，如图 3 所示的承台工序流程卡。

序号	工序作业内容	安全质量及技术标准	工序持续时间	工序执行人	工序质量检验检查人	工序安全检查人	工序工作响应人	工序质量记录人	备注
1	基坑开挖及放样	承台基坑开挖以机械开挖为主、人工开挖为辅，边坡1:0.75进行放坡施工（可根据现场情况调整）。不得破坏基底土的结构，在基底设计高程留20cm由人工开挖。基顶做好防水，基坑底设置排水沟、集水井。全站仪放出承台四角及开挖坡顶线（钢板桩施工边线）。	8h						
2	基坑围护	基坑边缘1.5m外四周设防护栏杆围护，上下通道设爬梯（护手）。悬挂安全警示标识牌。	1.5h						
3	桩头环切凿除	破除桩头时应用采用空压机结合人工凿除，桩头深入承台10cm处切割第一道环切线，以上20cm处切割第二道环切线。根据保护层厚度控制切割深度，避免切伤主筋。桩头截断钢钎探设位置控制在第一道环切线上方2-3cm处，桩头吊出后修正切割面。保护声测管，避免堵塞。	16h						
4	桩基检测	声测管进行冲洗，保证声测管深度满足设计桩长，并在管内注满清水。检测单位对桩体进行无破损超声波检测，检测合格后，进行下一道工序（声测管内注浆）。	2h						
5	浇筑垫层	控制垫层顶标高，保证垫层厚20cm，以及垫层的平整度。	5h						
6	承台放样	全站仪放样处桩中心后，放出承台四角边桩，根据实际地质订开挖放坡线。	0.5h						
7	钢筋安装（含冷却管、综合接地等）	将桩基深入承台钢筋逐根调直并形成喇叭口状，并将箍筋安装好。安装的钢筋品种、级别、规格和数量必须符合设计要求。承台底层钢筋与桩身钢筋焊接牢固；并用钢筋弯制马凳控制承台上层钢筋和预埋于承台内的墩身钢筋钢筋网位置。钢筋保护层垫块底层及侧面交叉布置，数量不少于4个/m2。同一截面内的接头面积不超过主筋总面积的50%，接头错开间距不小于35d（d为钢筋直径），且不得小于50cm。综合接地电阻不大于1Ω。	72h						
8	模板安装	模板间采用螺栓连接，带线法调直，吊垂球法控制其垂直度。加固通过脚手架及顶撑、方木、拉杆与基坑四周坑壁挤密、撑实，确保模板稳定牢固、尺寸准确。模板允许偏差：轴线位置15mm，平整度5mm，高程±15mm，相邻两块模板高低差2mm。	12h						
9	混凝土入模坍落度、温度、含气量等检测	混凝土标号应符合设计要求，坍落度160-200mm，入模温度5-30℃，含气量2%-4%。混凝土的和易性及流动性应符合要求。	1h						
10	混凝土浇筑	混凝土逐层浇筑，一次性完成承台的混凝土浇筑，分层厚度控制在30cm。振动棒应避免碰撞钢筋、模板。其移动间距不宜大于作用半径的1.5倍且插入下层混凝土内的深度宜为50-100mm，与侧模应保持50-100mm的距离，每一振点的振捣时间宜为20-30秒，以混凝土不再沉落、不出现气泡、表面泛浆为准，防止过振漏振。浇筑完成需收2次面。	12h						
11	混凝土养生	初凝后覆盖塑料薄膜和土工布洒水养护。当环境温度低于5℃时禁止洒水，应覆盖棉被保温，养护时间不少于7天。	7d						
12	模板拆除	强度不低于5MPa，保证承台表面及棱角不受损伤。吊车作业应有专人指挥，遵守十不吊。	10h						
13	模板维修、堆放	模板拆除后及时清理打磨模板上混凝土残渣，集中平铺堆放在一侧。	8h						
14	外观质量检查验收	顶面高程的允许偏差±20mm，尺寸允许偏差±30mm。表面无蜂窝麻面、泌浆现象。	1h						
15	混凝土拆模后养护	拆模后及时回填，冬季施工承台顶覆盖塑料薄膜及棉被保温，夏季施工覆盖塑料薄膜及土工布洒水养护。	7d						
16	承台质量评定	检查评定合格	1h						

图 3 承台工序流程卡

编制完成后，和在实施跟踪工序流程卡汇总一并提交到分公司审核、备案（图4）。

序号	项目名称	单位工程	分部工程	分项工程	施工作业工序流程卡编制情况	备注	开始时间	结束时间
1	郑州市轨道交通4号线08标段项目部	车站工程	地基基础	土方开挖	已编制	一期施工完成	2017年11月10日	2018年6月15日
2				土方回填	已编制	正在施工	2018年8月20日	2018年10月3日
3				接地装置安	已编制	一期施工完成	2018年4月2日	[illegible]
4				杂散电流	已编制	一期施工完成	2018年4月9日	2018年8月10日
5			支护结构	地下连续墙	已编制	一期施工完成	2017年5月10日	2017年11月14日
6				水泥土搅拌	已编制	一期施工完成	2017年9月15日	2017年10月10日
7				钢支撑	已编制	一期施工完成	2017年11月15日	2018年6月5日
8				降水与排水	已编制	一期施工完成	2017年10月1日	2018年10月20日
9				混凝土支撑	已编制	一期施工完成	2017年8月7日	2018年5月20日
10				临时立柱	已编制	一期施工完成	2017年8月12日	2017年11月27日
11				冠梁	已编制	一期施工完成	2017年8月7日	2017年11月1日
12				腰梁	已编制	一期施工完成	2018年1月2日	2018年5月20日
13				卷材防水层	已编制	正在施工	2018年3月25日	2018年9月15日
14				涂料防水层	已编制	正在施工	2018年8月1日	2018年11月30日
15			主体结构	主体垫层	已编制	一期施工完成	2018年3月22日	2018年9月1日
				主体结构	已编制	正在施工	2018年4月17日	2018年9月30日

图4 提交分公司审核、备案表

目前在4#线上，工序流程卡为全覆盖，所有工序都编制，每个月13号前报给分公司审核。

（2）工序流程卡编制完成，针对已经开工正在进行的分项或即将开工的项目进行上墙（栏板）公示，方便相关人员查询。上墙内容除包含某一分项工序流程内容外，还包含专项施工方案（二维码）、施工技术安全交底（二维码）、施工技术交底（二维码）。

（3）施工过程中，项目总工会和项目经理协商，针对关键工序、高危工序进行跟踪，跟踪完成后由相关责任人签字存放，过程中对于跟踪情况进行记录（记录内容需要确认）。

（4）局级公司或分公司会定期到项目上针对工序流程卡进行检查，检查后形成《施工作业工序流程卡检查表》（图5）。

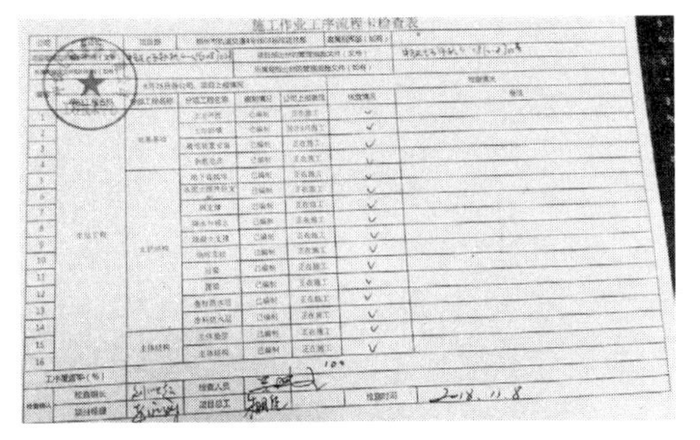
施工作业工序流程卡检查表

图5 施工作业工序流程卡检查表

郑州一建集团企业数字化探索与实践

张继永

郑州一建集团有限公司信息中心主任

作为地方特级资质企业，郑州市第一建筑工程集团有限公司信息化一直走在河南省工程建设行业前列，始终把技术创新作为企业发展的重要支撑，同时在信息化建设方面进行了长期的研究与实践。本期河南专栏选取郑州一建集团有限公司为典型代表，为读者展示建筑业数字化转型的河南模式。

一、企业概况

郑州一建集团有限公司始创于 1951 年 4 月，2004 年完成国企转民营股份制改革，现为房屋建筑、市政公用工程施工和设计一体的工程总承包“双特双甲”建筑企业，全国首家民营“房建和市政双特双甲”建筑企业。集团多元化经营，产业覆盖建筑设计与施工管理上下游业务，包括地产开发、工程设计、施工（房屋 / 市政 / 道路 / 桥梁 / 轨道等）、混凝土、实验检测、设备租赁、水电安装、钢结构生产与安装、地铁 PC 构件生产、投资担保等。

近几年随着行业经济增长乏力，竞争加剧，企业利润空间越来越小；同时，国家为促进行业健康发展，开展施工行业资质、建筑工人自有化等改革，行业商业模式的变动带来新的机遇与挑战。行业内，项目体量越来越大，专业化程度越来越复杂，加之安全与环境监管、劳动力数量与成本变化等，对施工企业项目管理的要求也越来越高。传统的管理方式下，工作量繁重、成本亏损、利润流失、过程失控、鞭长莫及的现象在项目施工单位管理中屡见不鲜。

郑州一建集团针对行业环境的变化，认为随着行业竞争的加剧，企业应不断“开源节流”。在当前行业大背景下，“节流”更加重要，即需转向向内部精细化管理要效益。精细化管理需要每个决策有更多、更系统、更加及时的信息来支撑。但是现实情况是，项目数量越来越多，分布分散；项目体量越来越大，涉及专业分工更专业、各专业协调更多，复杂度越来越高；越来越多的信息，已经没有办法单独纯靠人的经验去判断和把控以确保项目效益。如果没有详实的数据、系统性的分析，哪怕天天待在项目现场，也无法对项目现状进行客观的评价。因此公司积极引进信息化技术，利用信息化系统进行数据的采集，并作为“河南省建筑施工信息化管理工程技术研究中心”，积极探索与开展相应建筑信息化应用，服务于企业项目监管，并取得了良好的成效。

二、企业信息化建设规划

郑州一建集团非常注重技术创新工作；积极拥抱信息化、数字化，利用信息化推动引领企业的改革升级，企业信息化建设大概分为四个阶段：

（1）2004 年之前，引入造价软件与 CAD 等工具软件。

（2）2004 ~ 2006 年，企业改制后，率先在省内组建企业局域网，搭建企业门户网站。

（3）2006 ~ 2012 年，陆续上线了 OA、项目管理、人力系统、财务与资金管理等业务系统，在 2010 年特级资质信息化标准发布后，按照特级资质标准进一步强化系统的功能覆盖。

（4）2013 年 ~ 至今，国家房屋建筑施工总承包特级资质就位后，集团内部重新定位企业信息化战略，最终与广联达建立战略合作伙伴关系，开启新的实用业务系统建设，让信息化真正服务于企业与项目管理，助力企业"管理升级与健康发展"。

郑州一建集团实行"项目经理承包责任制"，为实现企业与项目"管理规范、账务清晰、质安可控、效益保障"的管理目标，在管理内容和手段上，公司强化"标准化 + 信息化"两个抓手：一是完善管理制度，依托巡检、审计等手段，加强沟通、开展业务监管，形成有效的激励奖惩机制；二是利用信息化对"人材机、质安技、账财税、成本"等统筹管理，开展系统监管，提升协同效率与信息共享。并根据集团、子分公司、项目三个管理层级各管理主体组织管理职责及其信息化诉求不同，推进管理标准化和信息化的深度融合。

（1）集团本部：树立管理与作业标准，推行标准化管理与施工，提升信息共享与业务处理效率；布局企业业务，确保企业经营目标的达成；利用积累的经验数据，加强风险监控，防范企业整体层面与单项目的经营风险。

（2）子（分）公司（项目经理部）：承包人（单位）直管多个项目，确保企业与个体利益；负责施工过程的详细风险监管，通过多项目集约化经营，实现创收降本。

（3）施工项目部：由承包人牵头组建，具体负责项目施工执行，作为企业成本与利润中心，通过项目精细化管理，提升项目效益。

在系统性梳理各管理主体的业务管理与信息化诉求基础上，制定企业的信息化战略，并随着内外部业务的变动不断调整。公司最新的信息化战略为：以风险监控为导向，以标准化为载体，打造数字化管理企业，实现管理信息化、数据化、智能化。

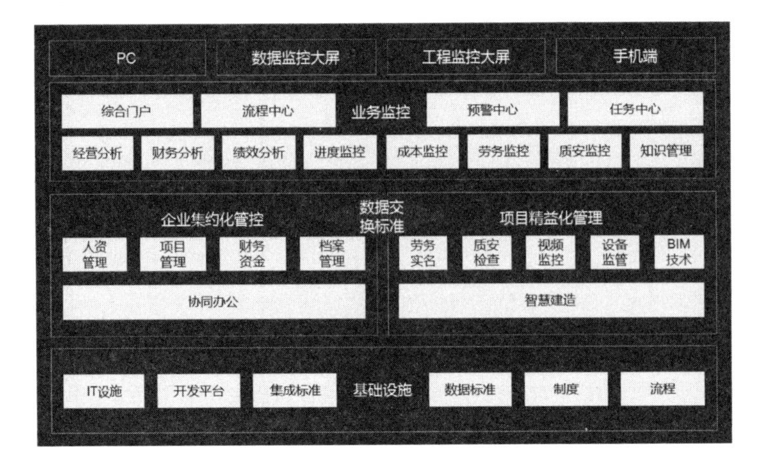

图 1 信息化规划体系

本战略规划，主要反映信息化对管理目标两方面支撑作用：（1）公司对工程项目实行底线管理，确保项目风险可控；（2）探索与倡导利用信息化工具促进企业与项目管理向精细化、集约化管理转变。在信息化建设上，重点打造“两中心”：以人力资源管理、项目管理、财务资金管理、档案管理、协同管理打造企业层集约管控中心；以劳务实名、质（安）检查、视频监控、塔吊监管、BIM 技术应用打造项目层精细化管控中心；并通过系统集成，促进不同系统、企业与现场业务数据的集成应用。

三、建设探索实践与成效

2013 年至今，伴随着企业自身管理需要和外部环境的变化，公司不断促进信息化系统的升级调整，现基本形成了“覆盖企业管控层面 + 项目精益化管理及其集成应用”的信息化应用体系。主要建设内容：2013 ~ 2014 年属于系统初期导入，上线协同办公系统、项目管理系统、人力资源管理系统，在进行业务梳理与固化的同时，重点推行业务替代、项目成本分析；2015 ~ 2017 年，进行项目管理系统大版本升级，同步上线劳务实名、异地考勤、安全视频监控、电子印章、塔吊监管、质量（安全）检查系统等，逐步关注现场实时监控；2018 年 ~ 至今，围绕手机端应用、系统融合、集成化建设，针对风险监控点开展数据联动应用。相关建设与应用成效从以下几个方面做简单介绍：

（一）信息化助力管理标准化推行

按照管理标准化，利用信息化系统固化业务。在业务信息化过程中，坚持“业务表单化、表单流程化、流程标准化、决策智能化”。

1. 通过信息化系统固化业务表单、审批流程、业务逻辑

固化表单：通过个性化设置与各开表单的方式，定制表单。每张表单均需系统性梳理表单涉及的业务字段，尽量做到一次录入多次引用并满足后期数据统计分析的需要。

固化表单审批流程：按照公司制度与权责分工，设置流程。在流程的管理方面，既要满足集团统一管控需要，又要兼顾子分单位管理实际，设置通用流程与个性化流程。

固化业务逻辑：根据公司制度与现场实际业务需要，聚焦核心业务管理环节，明确上下游业务逻辑。

目前，通过 OA 办公系统、人力系统、项目管理系统，累计内置标准化业务表单 627 张，规范业务流程 391 项，常规业务查询 204 项，存档表单 57 项；覆盖集团及子分单位日常事务管理（人事异动、用印、证件借阅、用车、会议、信息发布等）、项目过程管理（投标、合同签订、结算、支付、方案审批等），有效满足了集团管控与子分单位的管理需要。

业务表单、审批流程与业务逻辑的固化，使各级管理人员明确各自的职责以及业务办理的程序与管理要求，一定程度上助力了公司制度的培训宣贯。标准化的表单，定义了数据采集的标准以及数据关联，避免业务理解歧义，为后续数据分析提供了支撑；标准化业务流程、业务逻辑，规避了很多特事特办的业务，管理有痕迹、结果可追溯，业务管控公开、透明。同时，系统提供了各类打印模板，满足纸质归档的需要，业务只做一遍，实现数据的自动汇总，效率得到很大的提升。

2. 数据兼容性、共享性

对基础档案统一规划，制定了企业的数据标准，并对各系统关联数据在建设初期进行了规划，尽量做到维护同一主数据，一次录入、多次利用。主要业务系统的逻辑关联如下：人力系统作为组织、人员、账户的主数据；办公与项目管理调用电子印章、税控调用项目平台合同及其履约信息；项目管理治安劳务调用视频监控、所有业务系统的短信预警调用统一接口；OA 与项目管理业务数据实时归档档案系统；项目管理与财务系统数据互为参考，共同进行风险防范。

基于业务管理需要，相关系统在工具软件的对接上，兼容金格电子印章、广联达 GCL 预算、Office（Word、Excel、Project）等。实现不同格式文档在线浏览、编辑、导入、导出等，有效促进了不同数据之间的交换。

通过基础档案的统一管理和关联数据的统一规划，确保了主档案系统的唯一性，为后续的各类业务统计分析提供了统一的标准；常规工具软件的对接，确保了数据的连续，大大降低了数据维护、对接成本。

3. 移动化应用提供更便捷的办公方式

目前公司内部推行两个手机端应用工具：企业微信号、项目数字管理 APP。

企业微信号，统一接口所有协同业务的审批；项目数字管理 APP，集成了现场劳务实名、质量检查、安全检查、视频监控、项目管理等业务。有效提升了内部信息的共享与传递，为员工提供更加便捷的业务处理方式。

图 2 数字项目管理 APP

（二）业务信息化助力企业风险防控

以流程为线索，以单据为载体，建立了贯穿项目施工全过程、全要素的业务信息系统，从项目前期策划、施工执行、阶段总结等角度客观反映项目运行情况，为风险防控提供数据支持。

1. 项目成本风险防控

以经济核算为基础，采取总量控制、以收定支、成本横向对比的方式，防控项

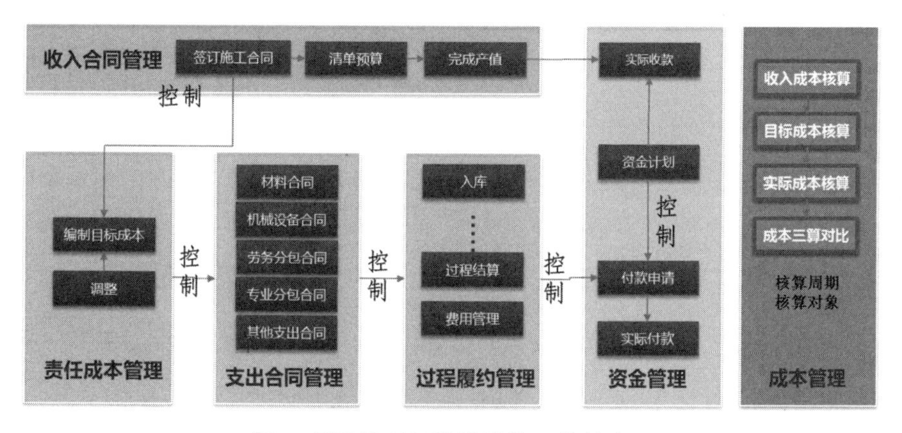

图 3 项目管理经济核算核心管控流程

目成本风险。以收入合同及其变更，控制项目的目标责任成本；以目标责任成本，控制各类支出合同的签订；以支出合同约定控制合同的履约、结算；以收款和支出合同结算控制资金支付；过程中按照时间区间、核心对象开展三算对比，分析项目的盈亏情况，调整现场的日常管理，创收降本。具体环节的管控重点与风险防范如下：从收入合同（预算）、收款、产值进度，防范项目垫付资金和超付挪用资金风险；结合合同、收入预算，进行目标测算，明确项目的盈亏偏差项，进行事前控制；通过目标责任成本，从总金额、分项金额、材料明细量价控制合同的签订；从量、价、总金额，并结合形象进度和甲方付款情况，监督履约结算与资金支付；定期进行收入、目标、实际成本的归集，在同一周期、同一核算对象基础上进行总费用、分项费用、材料量价的盈亏偏差分析，以便实时调整现场作业。

2. 支出合同与印章管理风险防控

公司支出合同，通过采取合同范本、权责分工、管控与个性化管理、电子印章等手段，兼顾合同管理的效率效果。根据不同采购支出内容，形成统一的各类企业支出合同范本，加快合同的审批效率；按内部分工，明确合同审批中相关部门权责，根据集团管控与子分单位实际管理需要，配置个性化流程，满足合同审批监管需要；采取电子印章和防伪码，控制合同文本的唯一性，节约合同盖章人力与时间成本。

总部监控所有实体印章，避免项目印章风险：所有文件进行网络化审批，推行电子印章、物联网印章，确保印章使用可控，同时极大地节约了人员时间成本，提升了监督效果。

（三）智慧工地应用提升施工过程管理智能化

BIM 技术，在三维模型中，可优化施工设计，动态模拟施工建造过程，提升施工的可视化、可预见性，避免返工。公司于 2014 年成立 BIM 技术应用研究中心，已建立集团、子分公司、项目技术小组三级管理体系，针对不同的工程类型开展 BIM 技术应用，目前累计管理项目达 76 个。通过 BIM 技术应用，可实现工程项目土建专业返工率减少 50% 以上，机电专业返工率减少 80% 以上，有效控制进度影响因素，提升项目施工质量；施工过程 60% 的信息关联 BIM 模式，为项目在优化施工方案、建立企业定额等精细化施工方向提供支撑。

为提升现场管理效率，远程视频监控、劳务实名制管理、质量（安全）检查等一线管理业务，均可在“掌上”办理，实现现场管理业务替代与自动数据汇总分析，有效地支撑业务的改进；塔吊监控、智能电表、无人机巡航、吊钩可视化、二维码应用、混凝土养护自动控制、VR 体验等，均可提升现场精细化管理效率与效果。

劳务实名管理系统：通过劳务实名管理系统对劳务工人开展实名制登记；通过闸机、自动识别图像摄像头记录考勤情况；通过劳务实名管理系统进行合同、培训、工资发放监管。2015 年 6 月启用至今，累计应用管理项目已达 170 余个，注册劳务工人 67709 人。通过劳务实名管理系统，监督各单位劳务实名制落地，过程记录为企业劳务维权提供了支撑。

质量（安全）检查系统：通过手机 APP 进行拍照、记录，替代现场“检查 – 整改 – 复查”的业务过程，形成现场的移动端协同工作机制，实时掌控现场的安全（质量）状态。2017 年 5 月启用，8 月覆盖全部在建工程，累计管理项目 86 个。质安检查系统的推动，动态反馈各项目质安管理现状，确保各隐患的及时消除，及时规避隐患风险。

远程视频监控系统：所有在建项目要求在规定作业面、进出口、特殊施工区域等位置，安装视频监控，提供大屏、网页端、手机端等方式，动态实时监控现场的作业行为。

（四）数据统计分析，自动预警，助力岗位业务管控

利用信息化系统构建不同的指标体系，满足各岗位统计分析的需要，释放各岗位事务性工作，为业务的 PDCA 循环改进提供数据支撑。从年龄、学历、职称等角度分析员工，便于掌控集团人力资源储备情况，确保满足企业业务发展需要；收入合同履约情况、支出合同履约过程监督、方案审批时长统计、顾客满意度调查情况统计、成本盈亏情况分析等为监督合同履约风险、业务审批管控提供数据支撑；质（安）阶段隐患类型分析，为劳务队伍管理、管理人员绩效管理、阶段治安防范重点提供工作指导。业务动态更新时触碰相应预警条件，实现预警消息、预警短信自动发送到相应岗位人员。

企业 BI 门户：围绕业务管理目标，建立数据标准与业务指标，从各业务系统抽取数据进行图形化展示，实现从不同管理层级、不同时间范围实时反映企业运行情况。目前共设置 6 个主题，42 项指标，涵盖市场、经营、成本、人材机、质安管理等内容。

公司常态化运营数据监控中心与工程监控中心：各中心分别配备 3×6 的 55 寸液晶拼接屏，加强对网络、设备、系统运行、业务运营的监控。数据监控中心，定位于企业 BI 与机房设备动环监测、网络入侵监测、上网行为分析、服务器资源动态监控以及业务系统运行（OA、项目管理系统等）等的监管。工程监控中心，定位于工程质（安）检查运行、工程现场实时视频、视频会议指挥调度（移动安全帽、无

人机）、塔吊、劳务实名等监管。监控中心的建设与配套制度的落地，加强了集团与终端数据来源的互动，形成了横向跨业务的联动与纵向不同管理层级的动态监管，提升异地监管实时性与效果，也反向督促终端采集数据的真实性与及时性。

图 4　数据监控中心

图 5　程监控中心

四、信息化管理保障措施

信息化项目不仅仅是一个系统的建设上线，其深层次是推进企业的管理改革；不仅仅是在技术上提升了对流程与业务的管理，而是要建立一套配套的信息化管理机制。特别是施工企业，一般具有多层级管理、项目与人员分散、人员素质不高、人员流动性大等特点，对信息化项目的建设与推进带来更大的难题。公司的信息化项目推进过程也异常曲折，但为了确保项目目标，每个项目的建设都在制度、沟通、培训、奖惩等管理保障机制方面做了大量的工作。现将相关经验总结如下，希望对同等规模企业具有借鉴意义。

（一）成立信息化项目管理机构，组建项目实施团队

在信息化建设过程中，组织队伍建设是影响信息化成败的关键因素之一，是信息化工作推进的重要保障。在项目组织机构方面，郑州一建集团本着遵循“集中统

一规划与管理、分步建设与实施、分部（级）负责”的总体原则，建立、健全了纵向控制、横向协调的3层信息化组织机构，很好地适应了集团公司的本部、分子公司及直管项目部、工程项目部的3级管理模式。

为加强沟通，公司内部专门建立了信息化群、信息管理员群、集团实施团队群，并定期通过OA与生产会推介系统建设与应用动态，便于各层级人员之间的沟通。

（二）开展需求调研，做好需求管理，确保合理的业务需求得到满足

信息系统是将人的业务逻辑转换成计算机语言进行实现。但计算机是按照严格的数理逻辑运算的，相对较为机械，而人的思维较复杂。因此，在开展业务沟通时，信息中心在软件公司业务人员与核心业务部门之间起到桥梁作用。

各系统建设初期，由信息中心与主管单位组织，结合公司的制度，进行充分的需求调研，明确系统建设的范围与边界；系统建设阶段，各项需求严格筛选，充分评估需求的合理性与科学性；系统建设的同时，建立配套的制度与流程，提供制度保障。且各项需求在软件系统实现后，由信息中心组织各业务主管人员进行需求测试及确认。

（三）做好项目计划管理，建立项目运行考核机制

以项目实施方法论为依托，建立以项目建设全过程为周期的阶段计划与总结机制，保证每个阶段的任务能够圆满完成；建立了以周为单位的周计划、周总结、周沟通制度，及时监督开发实施过程中各项业务的冲突项并加以解决。

对于阶段计划与周计划未完成的情况或存在的重点问题，积极反馈项目经理及公司高层，寻求资源、沟通等支持，保障各项业务按计划完成。

针对每周、每阶段的工作开展情况，进行奖惩，充分调动各单位、人员的积极性。

（四）开展多层级培训，构建知识管理平台

建筑企业人员流动性较大，培训任务较重，培训效果难以保障。在系统的实施与应用推广期间，集团公司组织了多层级、多形式、针对不同人员的培训，并构建了内部知识储备体系。

在培训内容上：让全员对平台的建设意义具有明确的认知；针对具体业务人员，明确其岗位的工作范围、系统中办理业务的流程及本环节的重要性；向各单位宣讲各个系统在业务办理方面的便利之处。

在培训与培养对象上：组织多层级培训（针对平台应用领导层、业务主管、信息管理员、业务人员等）；建立集团公司、项目经理部、项目层级的三级知识储备体系。在具体业务沟通上，各级的知识体系如下：集团信息中心平台主管、集团业务主管、集团内部讲师；项目部信息管理员、项目部业务主管、项目部讲师；工程项目信息管理员、业务人员。

在培训方式上：授课讲师有软件公司实施顾问、集团业务主管、系统应用骨干人员，由于不同层级人员对平台的理解交流不同，公司通过多角度培训，测试了系统适用性，也不断扩大丰富平台的应用范围；平台业务串讲+系统演示+培训考核(笔试+上机操作)的培训方式有效提升业务人员的学习效果。

（五）发挥标杆作用，挖掘平台应用价值，促进平台应用推广

在项目的推广应用阶段，不同人员使用平台的应用价值体验将直接影响到业务人员业务办理质量与应用信心。集团公司针对优秀应用项目定期开展现场观摩会与平台应用评价等，发挥标杆作用，利用标杆单位的业务展示，调动大家使用平台的积极性。

五、小结

企业信息化、数字化是一项需要持续进行的系统工程，我们也是在不断摸索中寻找答案。需要我们结合企业实际需要，不断梳理，整合，再梳理，再整合，循环往复，寻找符合我们目标的更优的方案。当前我们的信息化工作虽然有规划，能够与业务结合，但数据的利用率偏低；开展的数据应用，大多围绕结果导向，是围绕关注点做的点状工作，还不系统、连贯。如何采取更丰富、准确的数据，以数据支持相关岗位的每一项决定；如何将数据转换成企业的知识，再用知识提升管理效率来创造价值是下一步我们努力的方向。虚实双生的数字建筑时代即将到来，使人充满想象和期待，同时也为能参与其中，感到无比兴奋。

编后记

建筑业是一个古老的行业，大概人类出现在地球上之后就开始了房屋建造，一直到现在都没停止过；建筑业又是一个崭新的行业，新时代背景下，互联网、大数据、云计算、BIM 技术，都在不断地冲击着建筑业；建筑业是一个不缺数据的行业，因为建筑业的体量太大了，建筑业又是一个很缺数据的行业，数以万计的建筑资料都随着一栋栋拔地而起的高楼而消失了。

如何乘上数字化的东风，在新时代让新建筑变革创新，展现出新建筑的科技魅力，值得每一个建筑人去思考和实践。《新建造》编辑部致力于助力施工企业数字化转型，希望通过分享行业先进的理念，能够为施工企业数字化转型尽绵薄之力。

《走进数字建造时代》一书围绕施工企业践行数字建筑展开，汇集行业大咖的观点与企业数字化转型实践案例。在此，特别感谢清华大学马智亮教授、广联达科技股份有限公司总裁袁正刚、上海攀成德企业管理顾问有限公司董事长李福和、中国建筑科学研究院研究员黄如福等专家对行业深入研究输出的行业观点文章，以及北京建工、河南科建等企业将他们的转型实践经验奉献给整个行业。

本书适用于建筑企业各级管理人员，信息化主管部门，建设领域信息化的研究人员，工程项目其他相关参与单位的工程管理人员，以及所有对建筑行业数字化感兴趣的读者。

由于时间仓促，疏漏之处在所难免，恳请广大读者批评指正。

本书编委会